Ajaykumar Dharmireddy
Sreenivasa rao Ijjada

Modelação de dispositivos e caraterização de dispositivos híbridos

Ajaykumar Dharmireddy
Sreenivasa rao Ijjada

Modelação de dispositivos e caraterização de dispositivos híbridos

Dispositivo híbrido para aplicações de alta velocidade e baixa potência

ScienciaScripts

Cover image: www.ingimage.com

This book is a translation from the original published under ISBN 978-620-8-22531-5.

Publisher:
Sciencia Scripts
is a trademark of
Dodo Books Indian Ocean Ltd. and OmniScriptum S.R.L publishing group

120 High Road, East Finchley, London, N2 9ED, United Kingdom
Str. Armeneasca 28/1, office 1, Chisinau MD-2012, Republic of Moldova, Europe
Printed at: see last page
ISBN: 978-620-8-32114-7

ABSTACT

Nos MOSFET tradicionais, abaixo da tecnologia de 45nm, o escalonamento do dispositivo é um grande desafio porque resulta em graves efeitos de canal curto (SCE). As causas disto são o facto de o rácio entre a tensão de funcionamento e a tensão térmica diminuir com a redução de escala do MOSFET. Isto leva a correntes de fuga mais elevadas, resultantes da difusão térmica dos electrões, e a um fraco controlo eletrostático da porta sobre o canal e, nos dispositivos planares, a força de condução depende da largura do canal. A investigação aprofundada sobre esta questão resulta em muitos dispositivos não clássicos que têm um bom controlo eletrostático sobre o canal, minimizando assim consideravelmente os SCE e permitindo o progresso da escala do dispositivo. Os dispositivos resultantes são o FET de porta dupla, o FinFET de porta múltipla e o FET de túnel. A inclinação do sublimiar (SS), a corrente no estado ligado e as correntes no estado desligado são os parâmetros de projeto para medir o desempenho do dispositivo.

Nos circuitos electrónicos de baixa potência e alta velocidade, são necessários dispositivos com caraterísticas mais acentuadas. A velocidade do dispositivo aumenta com caraterísticas IV mais acentuadas e a baixa potência é conseguida através do funcionamento do dispositivo na região do sublimiar. A medição de correntes na região sublimiar é um grande desafio. Para enfrentar este desafio em medições práticas, um parâmetro "subthreshold swing" é extraído das caraterísticas de saída dos dispositivos, em vez de ser medido diretamente. Nos MOSFET, o seu valor é idealmente > 60mV/dec à temperatura ambiente, ao passo que nos FinFET, o seu valor pode ser minimizado, pelo que os FinFET são o melhor substituto para os dispositivos planos, tendo sido necessários mais de 20 anos para a prática dos FinFET. O desempenho do FinFET falhou quando a tecnologia foi reduzida para menos de 25 nm. Por conseguinte, desempenhou um papel de camafeu na história da tecnologia.

O Tunnel FET é outra alternativa para o MOSFET abaixo da tecnologia de 25nm, a geometria do TFET é como o díodo PIN com mecanismo de condução BTBT. O TFET reduz consideravelmente a corrente de estado de desativação, mas tem uma corrente de condução baixa. Para conseguir uma comutação elevada, é necessário propor um novo dispositivo com as vantagens combinadas do FinFET e do TFET. Nesta tese, propusemos um dispositivo híbrido que tem um valor SS < 25mV/dec. O Synopsis Centaurus TCAD é usado nesta tese para a modelação e caraterização do dispositivo.

ÍNDICE DE CONTEÚDOS

ABREVIATURAS

1D	-	One Dimension
2D	-	Two Dimensions
3D	-	Three Dimensions
CMOS	-	Complementary Metal Oxide Semiconductor
DD	-	DriftDiffusion
DIBL	-	Drain Induced Barrier Lowering
EOT	-	Equivalent Oxide Thickness
DGFET	-	Double Gate MOSFET
FinFET	-	Fin Field Effect Transistor
GAA	-	Gate All Around
MUGFET	-	MultiGate MOSFETs
TFET	-	Tunnel FET
IC	-	Integrated Circuit
LCD	-	Long Channel Device
ITRS	-	International Technology Roadmap for Semiconductors
I_{on}	-	OnCurrent
I_{off}	-	Leakage Current
I_{amb}	-	Ambipolar Current
BTBT	-	Band to Band Tunneling
Lg	-	Gate Length
N	-	Doping Concentration

SiO_2	-	Silicon Dioxide
T_{ox}	-	Gate Dielectric Thickness
T_{Si}	-	Silicon Body Thickness
V_{DD}	-	Supply Voltage
V_{gs}	-	Gate Source Voltage
V_D	-	Drain Voltage
V_{TH}	-	Threshold Voltage
WF	-	Work Function
E	-	Electric Field
μ	-	Carrier Mobility
MC	-	Monte Carlo
MOS	-	Metal Oxide Semiconductor
SCE	-	Short Channel Effect
S/D	-	Source/Drain
SS	-	Subthreshold Slope
S	-	Subthreshold Swing
SOI	-	Silicon on Insulator
TCAD	-	Technology Computer Aided Design
c	-	Light Speed
λ	-	Wavelength
Φ	-	Potential

p	-	Hole
n	-	Electrons
J	-	Current Density
Jn	-	Electron Current Density
E_g	-	Energy Gap
μ_n	-	Electron Mobility
D_n	-	Electron Diffusion Coefficient
n_i	-	Internal Carrier Concentration
T	-	Absolute Temperature
q	-	Single Electron Charge
C_d	-	Depletion Capacitance
C_{ox}	-	Oxide Capacitance
W_d	-	Depletion Width
t_{ox}	-	Oxide Thickness
L_{eff}	-	Effective Channel Length
pA	-	Pico Ampere
fA	-	Femto Ampere
BSIM	-	Berkeley ShortChannel IGFET Model
TCAD	-	Technology Computer Aided Design
λ_{sym}	-	Natural Lengths of Symmetric DG MOSFET

CAPÍTULO I
INTRODUÇÃO

CAPÍTULO I

INTRODUÇÃO

No domínio dos circuitos integrados de muito grande escala (VLSI), a importância da teoria do escalonamento, as caraterísticas I-V (corrente-tensão) de diferentes dispositivos, como o transístor de efeito de campo de semicondutor de óxido metálico em massa (MOSFET), o FET multiporta e o FET túnel, alteram-se juntamente com o conceito de escalonamento de dispositivos e os seus efeitos de canal curto (SCE), abordados neste capítulo.

1.1 PRÓLOGO

O trabalho para melhorar o desempenho dos circuitos VLSI é um processo contínuo ao longo das últimas três décadas, em que existem muitos novos materiais e dispositivos semicondutores. De acordo com a popular lei de Moore, o tamanho dos MOSFET diminui, como indicado no roteiro tecnológico internacional para os semicondutores (ITRS) [1]. A elevada densidade de encapsulamento e os tempos de resposta rápidos são as vantagens dos dispositivos de escala nos circuitos integrados. A densidade das pastilhas aumenta com os dispositivos de escala, pelo que, no nó tecnológico mais recente, a densidade das pastilhas é maior. O escalonamento de dispositivos reduz tanto as dimensões dos dispositivos como as tensões terminais, tal como indicado nas ITRS. O dispositivo escalonado tem muitas vantagens, como alta velocidade e maior densidade de empacotamento, à custa de SCEs. A importância dos SCEs é maior nos dispositivos de canal curto (SCDs), pelo que o escalonamento rigoroso do dispositivo pode comprometer o funcionamento do dispositivo e produzir caraterísticas IV fracas [2]. Nos MOSFET convencionais, abaixo da tecnologia de 45 nm, o volume de SCEs é maior, porque nos SCDs a fonte e o dreno estão muito próximos, e a porta controla o canal de forma pouco flexível [3]. Isto é ainda maior quando o dispositivo conduz na região de sublimiar. A região de sublimiar é a região em que o dispositivo conduz com uma tensão inferior à tensão de limiar (V_{th}) [4]. A investigação contínua para reduzir os SCE nos dispositivos à escala revelou novas soluções e novas estruturas de dispositivos. Os FET de porta dupla (DG FET), os FET de porta tripla (TG FET), os FET de porta múltipla (MUG FET), os FET de porta completa (GAA FET) e os FET de túnel (TFET), etc., são alguns desses tipos e não são clássicos [5].

A corrente de sublimiar é o principal componente das SCE e depende fortemente das tensões escalonadas, tais como a tensão de alimentação (V_{DD}), o potencial porta-fonte

(V_{gs}) e o valor de V_{th} [6]. Uma vez que são reduzidas, o potencial de sobredrive do dispositivo (V -V_{gsth}) diminui em conformidade, o que tem um grande impacto na corrente de desativação do dispositivo, que é apresentada na equação 1.1. A redução de V_{th} prejudicará gravemente o desempenho do dispositivo ao aumentar a corrente de desativação. Se V_{th} aumentar, a corrente de fuga reduzirá, o que conduz a uma corrente de acionamento baixa.

$$I_{off} = I_o \exp\left(\frac{V_{gs}-V_{th}}{\eta.{}^*V_T}\right) \quad (1.1)$$

Onde,I_{off} - corrente de estado desligado (fuga), I_0 - corrente de saturação inversa, C_{ox} - capacitância de óxido,C_{dep} : capacitância de depleção, V^{th} - tensão de limiar.

η Fator de inclinação do sublimiar$\left(\eta = 1 + \frac{C_{dep}}{C_{ox}} \right)$

V_t - tensão térmica (kT/q), aproximadamente 26mV à temperatura ambiente, k: constante de Boltzmann, T- temperatura e q: carga do eletrão.

O desafio do escalonamento dos MOSFET, as limitações das dimensões do dispositivo e os parâmetros do processo abaixo da tecnologia de 45 nm são apresentados em [7]. As caraterísticas do dispositivo na região sublimiar de funcionamento são muito importantes para a análise da velocidade e do desempenho do dispositivo. Nos dispositivos que funcionam a baixa tensão, as caraterísticas I-V do dispositivo devem ser muito mais acentuadas na região sublimiar, o que significa que a velocidade do dispositivo é mais elevada e vice-versa. A inclinação sublimiar é a métrica utilizada para medir a velocidade do dispositivo. A corrente de dreno na região de sublimiar é linear no gráfico log-linear, com um declive conhecido como "declive de sublimiar (SS)". O SS é a figura de mérito utilizada para avaliar o desempenho de um transístor. O declive de sublimiar é definido como a quantidade de alteração da tensão de porta aplicada necessária para aumentar em uma década a corrente de dreno [8]. Para os circuitos VLSI de alta velocidade, o valor SS do dispositivo deve ser preferencialmente inferior a 60mV/dec. Um valor SS baixo significa caraterísticas mais acentuadas, logo, maior velocidade do dispositivo e vice-versa.

A inclinação do sublimiar em função do nó tecnológico para dispositivos planares, dispositivos não planares e nanofios é apresentada na Figura 1.1. Nos MOSFET, quando se passa para o nó tecnológico inferior, devido à presença de SCEs graves, o valor SS não pode ser reduzido para 60 mV/dec [9]. Os TG-FinFET, MUG-FinFET e GAA-FET são dispositivos não planos, em que o declive sublimiar não pode ser mais modulado, uma vez que a corrente de estado de desativação é maior no nó tecnológico inferior. Já no TFET e nos nanofios, a inclinação do sublimiar pode ser gerida para um nível inferior utilizando alguns casos e métodos especiais.

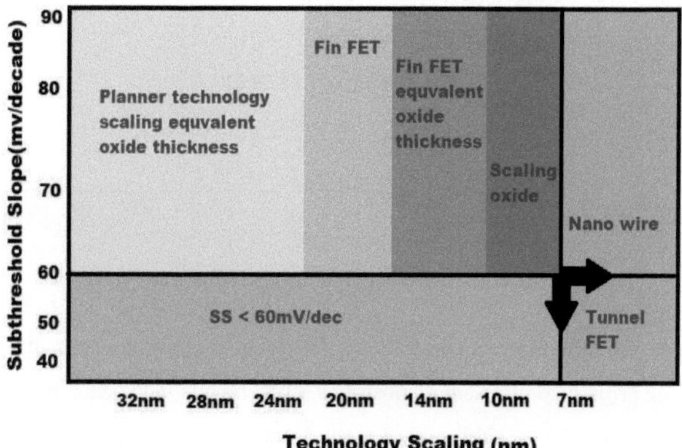

Figura 1.1: Nó tecnológico versus tendência de declive sublimiar.

As caraterísticas I-V de Si-MOSFETs e III-V MOSFETs e TFETs são mostradas na figura 1.2. O gráfico mostra a variação da corrente de dreno juntamente com a variação do potencial de porta para um potencial de dreno constante [10]. A partir do gráfico, observa-se que no Si-MOSFET e no III-V MOSFET a inclinação do sublimiar pode ser gerida até 60mV/dec, uma redução adicional é restringida principalmente devido aos SCEs do dispositivo.

Os TFET têm caraterísticas I-V mais acentuadas do que os outros dispositivos actuais devido à sua baixa corrente de desativação. Para os projectos de comutadores mecânicos (MEMS), são necessárias caraterísticas I-V mais acentuadas, têm uma forte compatibilidade com a tecnologia Si-CMOS e baixas correntes de estado de desativação, pelo que os TFET são dispositivos úteis.

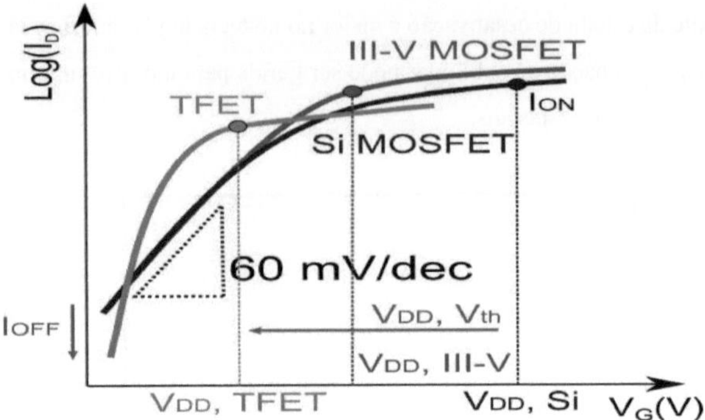

Figura 1.2: Caraterísticas I-V de diferentes dispositivos

A inclinação do sublimiar, a corrente no estado e as correntes fora do estado são parâmetros de projeto comuns em dispositivos VLSI de alta velocidade para medir o seu desempenho. Na região do sublimiar, a medição da corrente é normalmente um grande desafio, porque a variação da corrente nesta região é muito pequena. Para medir a corrente de sublimiar praticamente nesta região, a inclinação do sublimiar ou "subthreshold swing (S)" é extraída das caraterísticas de transferência do dispositivo, em vez do método direto de medição, como mostra a figura 1.3. Para o efeito, as caraterísticas de transferência do dispositivo são representadas como um gráfico log-linear e o declive sublimiar é calculado com a equação 1.2.

$$SS = \ln 10 * \frac{\partial V_{gs}}{\partial(\log_{10} I_{ds})} \quad (1.2)$$

A inclinação do sublimiar e a oscilação do sublimiar (SS) são essencialmente duas formas de quantificar a inclinação da curva I-V na região do sublimiar. Uma curva mais acentuada é desejável, uma vez que indica uma transição mais abrupta do estado desligado para o estado ligado, conduzindo a uma melhor eficiência de comutação e a um menor consumo de energia, é inversamente proporcional à inclinação sublimiar dada pela equação (1.3).

$$\text{Subthreshold swing(s)} = \frac{1}{\text{subthreshold slope}} \quad (1.3)$$

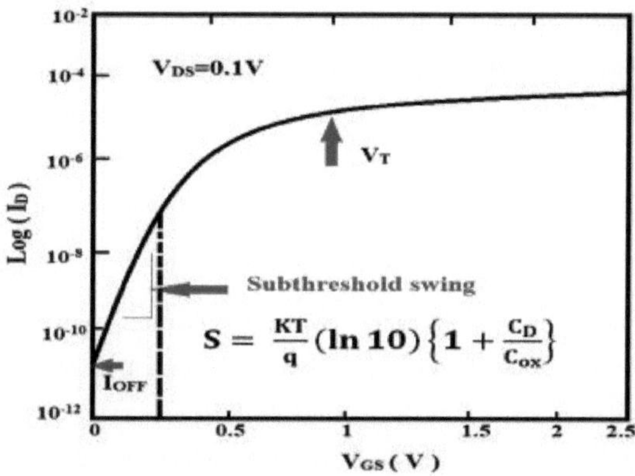

Figura 1.3: Caraterísticas de entrada do MOSFET em relação a SS

O SS indica a rapidez com que as transições ocorrem de um estado ligado para um estado desligado ou vice-versa no dispositivo. A equação SS na equação (1.2) é agora elaborada como na equação (1.4).

$$SS = \ln(10)\left(\frac{KT}{q}\right)\left(1 + \left(\frac{C_d}{C_{ox}}\right)\right) \tag{1.4}$$

Onde, Cd-Capacitância de depleção, C_{ox} -Capacitância de óxido, KT/q- tensão equivalente térmica ≈ 26mV@ temperatura ambiente 300^0 K.Assumir Cd≈0, C_{ox} ≈∞ e ln (10) ≈2.3. Então a equação (1.4) é aproximada como

$$SS \approx 2.3 * 26\frac{\text{mV}}{\text{dec}} = 59.8\text{mV/dec}$$

Os transístores FinFET, com as suas duas ou mais portas enroladas em torno de uma fina aleta de silício, oferecem um controlo superior sobre o campo elétrico do canal em comparação com os MOSFETs planos. Isto permite-lhes gerir eficazmente os efeitos de canal curto (SCE) que afectam a miniaturização. Foram necessários mais de 20 anos de desenvolvimento para que os FinFET se tornassem realidade, o que os torna um avanço significativo em relação aos MOSFET tradicionais [11]. No entanto, os FinFET também têm limitações. Embora permitam um maior escalonamento, o seu desempenho deteriora-se abaixo dos 25 nm devido aos efeitos de canto e à redução da barreira induzida pelo dreno (DIBL). Estes efeitos enfraquecem o controlo da porta sobre o canal, conduzindo a um aumento das correntes de fuga e dificultando a obtenção de um comportamento de comutação rápida de ligar/desligar. Como resultado, o desempenho dos FinFET é afetado em nós tecnológicos inferiores a 20 nm [12]. Os FET de túnel (TFET) oferecem uma abordagem alternativa para obter valores de oscilação de sublimiar (SS) mais acentuados, o que resulta em transições de ligar/desligar mais nítidas nas caraterísticas IV. Isto é conseguido através de um mecanismo de condução diferente que reduz a fuga de corrente fora de estado. Infelizmente, os TFET têm um custo - têm uma corrente no estado ativo mais baixa do que os FinFET.

A procura de um desempenho cada vez melhor dos dispositivos continua. Os investigadores estão a explorar várias vias, incluindo arquitecturas de porta inovadoras, materiais de canal alternativos e até mecanismos de transporte inteiramente novos[13]. A otimização da polarização do dispositivo na região sublimiar é outra estratégia para conseguir um funcionamento a baixa tensão.

1.2 TEORIA DE ESCALONAMENTO DO MOSFET

De acordo com a "Lei de Moore", as dimensões dos MOSFETs são escalonadas de sub-microns para nano. No dispositivo de canal longo (LCD), o comprimento da porta do transístor, a largura da porta, a espessura do óxido e a profundidade de dopagem são escalonados com o fator α. Do mesmo modo, todas as tensões terminais e tensões de limiar são escalonadas com o fator 'β' com base nas regras ITRS.

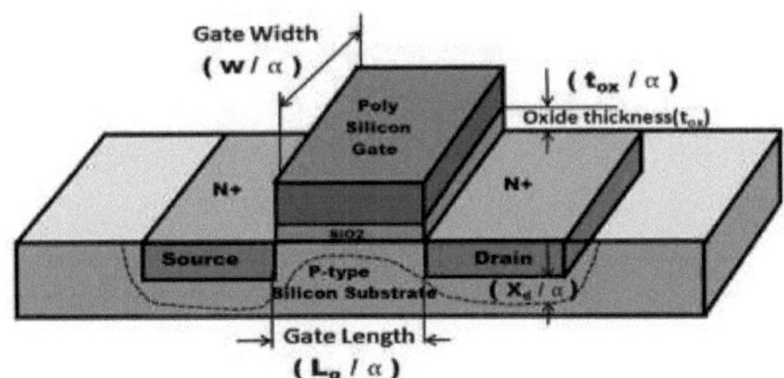

Figura 1.4: Parâmetros MOSFET com factores de escala

O comprimento da porta escalonado resulta em menor capacitância da porta, o que acelera a taxa de transporte do portador do circuito, os potenciais escalonados reduzem o consumo de energia do dispositivo e o dispositivo escalonado melhora a densidade do chip. Nos SCD, quando o comprimento da porta é inferior a 45 nm, a porta perde o seu controlo sobre o canal, pelo que a importância dos SCE é maior, o que inclui a corrente de fuga, o DIBL, o roll-off V_{th} , a degradação dos portadores quentes, o tunelamento da porta, a flutuação aleatória da dopagem, o tunelamento fonte-substrato e dreno-corpo e o tunelamento banda a banda (BTBT). Nos SCD, a corrente sublimiar designada por corrente de desativação do dispositivo (I_{off}) tem uma dependência exponencial com a escala de V_{th} e o potencial de sobredrive (V -V_{gsth}). Assim, à medida que estes caem cada vez mais, a corrente de desativação do dispositivo flui mais na região sublimiar, pelo que o valor SS é significativamente > 60 mV/dec. O comprimento mínimo da porta necessário no SCD para não perder o controlo sobre o canal é calculado com a equação (1.5).

$$L_{min} = 2\left(W_d + \frac{\varepsilon_{si}}{\varepsilon_{ox}} t_{ox}\right) \quad (1.5)$$

Em que, W_d = largura de depleção,ε_{si} =permissividade do silício, ε_{ox} = permissividade do dióxido de silício e t_{ox} = espessura do óxido.

Num MOSFET em massa, quando a largura de depleção atinge a espessura do corpo de silício (W_d ≈Si), torna-se difícil aumentar a escala. O aumento da dopagem do substrato conduz a vários efeitos negativos. Aumenta a capacitância da junção enquanto diminui a largura de depleção. Isto, por sua vez, reduz a mobilidade dos portadores, prejudica o desempenho da inclinação sublimiar e permite uma maior fuga de corrente do corpo diretamente para o dreno através do BTBT. Os MOSFET a granel sofrem de perfuração quando as regiões de depleção em torno dos eléctrodos do dreno e da fonte se encontram. Esta ligação direta ignora o controlo da tensão da porta no canal. Em contrapartida, os MOSFETs de silício sobre isolador (SOI), também conhecidos como SCDs, apresentam DIBL. Aqui, a tensão de dreno pode influenciar significativamente o canal, mesmo quando a tensão de porta está abaixo da tensão de limiar. Isto acontece porque a camada isolante nos dispositivos SOI permite que a tensão de drenagem afecte o canal mais diretamente, em comparação com os MOSFETs em massa. Isto é problemático porque a mobilidade dos portadores é sensível à intensidade do campo elétrico. Consequentemente, a mobilidade dos portadores é significativamente reduzida perto da superfície devido a colisões frequentes com a interface, um fenómeno conhecido como dispersão superficial.

Nos MOSFETs de canal curto, a velocidade dos portadores no canal comporta-se inicialmente de forma linear com o campo elétrico ($v \approx \mu E$) a baixas intensidades de campo. Esta relação é verdadeira até um campo elétrico de cerca de 10^4 V/cm. No entanto, à medida que o campo elétrico aumenta, a velocidade satura e aumenta muito lentamente em comparação com a intensidade do campo [14]. Este fenómeno, conhecido como saturação de velocidade, faz com que a corrente de dreno sature a uma tensão de dreno inferior à esperada. Isso ocorre porque os portadores próximos ao dreno atingem a velocidade de saturação antes que o canal se desligue. Isto é particularmente importante nos dispositivos SOI devido aos seus corpos mais finos. Além disso, campos eléctricos elevados podem criar portadores energéticos chamados "portadores quentes". Se estes portadores quentes ficarem presos na camada de óxido, pode ocorrer um fenómeno denominado injeção de portadores quentes, que pode degradar o desempenho do dispositivo ao longo do tempo.

1.3 ESTRUTURAS DE FOSFATOS

Esta secção explora a forma como o elétrodo de porta modula a condutividade do canal, tanto nos modelos de transístores tradicionais como nos novos.

1.3.1 MOSFET de porta única

A Figura 1.5 ilustra as estruturas dos MOSFETs convencionais e SOI [15]. Os MOSFETs SOI oferecem velocidades de comutação mais rápidas em comparação com os seus homólogos convencionais devido às suas capacitâncias parasitas mais baixas.

As caraterísticas I-V de ambos os dispositivos são apresentadas na figura 1.6. Estas caraterísticas mostram a relação entre a corrente que flui através do transístor (I) e a tensão aplicada à sua porta (V). São uma ferramenta crucial para compreender o funcionamento do transístor.

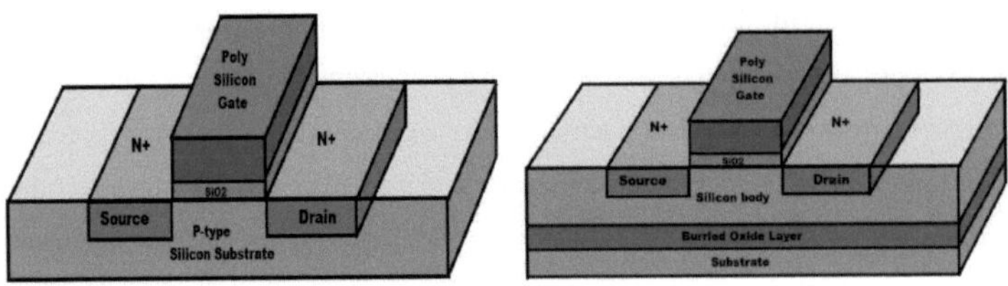

Figura 1.5: Estrutura do (a) MOSFET de massa. (b) SOI MOSFET.

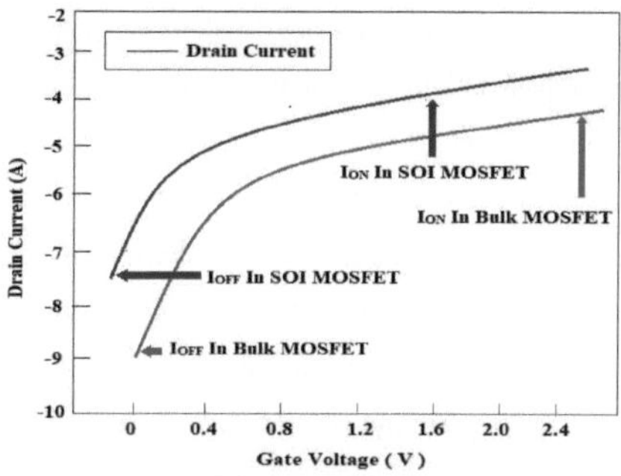

Figura 1.6: Caraterísticas I-V do MOSFET em massa e SOI [3].

O parâmetro que indica a intensidade com que a corrente de dreno aumenta à medida que a tensão da porta ultrapassa o valor de V_{th} é o SS. Um valor SS mais baixo é desejável, pois significa uma transição mais acentuada do estado desligado para o estado ligado, levando a uma comutação mais eficiente. O valor SS do SOI MOSFET é 74,62 mV/dec e o do bulk MOSFET é 97,42 mV/dec.

1.3.2 FET MOS de porta dupla

Os MOSFET de porta única (SG) têm limitações no controlo da porta. Para resolver este problema, foram desenvolvidos MOSFETs de porta dupla (DG), como mostra a figura 1.7. Nos MOSFETs DG, a presença de duas portas a flanquear o canal oferece um controlo eletrostático superior[16]. Este controlo mais forte reduz o DIBL, levando a caraterísticas I-V que se aproximam do valor ideal de Subthreshold Swing (SS). Além disso, ao isolar eletricamente as duas portas, é possível obter uma tensão de limiar variável (V_{th}). O MOSFET DG é fisicamente mais pequeno do que o convencional devido aos avanços no processo de fabrico. O símbolo do dispositivo de porta dupla é mostrado na figura 1.7, os terminais do dispositivo são rotulados como Dreno (D), Fonte (S), porta frontal (G1) e porta traseira (G2). A minimização ou eliminação da dopagem do canal oferece várias vantagens.

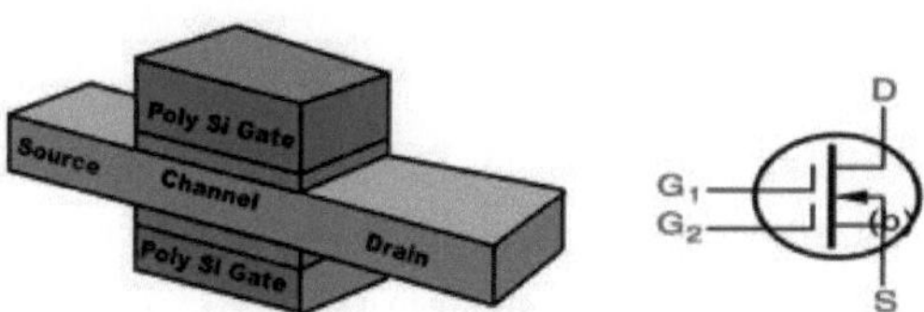

Figura 1.7: Secção transversal do DG-MOSFET

Em primeiro lugar, reduz as flutuações aleatórias dos dopantes, que são mais proeminentes em canais fortemente dopados. Isto leva a um melhor transporte de portadores e, consequentemente, reduz a corrente BTBT no dreno. Nos DG-FETs simétricos, as portas frontal e traseira são idênticas. Inicialmente, o canal de inversão forma-se em ambos os lados do canal, mas fora do plano do dispositivo. No entanto, nos DG-FETs assimétricos, os eléctrodos das portas superior e inferior são feitos de materiais diferentes, normalmente polissilício n+ e polissilício p+, respetivamente. As duas portas do dispositivo diminuem a capacitância entre a porta e o canal, um corpo fino de Si tem uma constante dieléctrica mais elevada do que o óxido da porta, pelo que oferece um bom controlo eletrostático sobre o canal. O potencial em ambas as portas regulará efetivamente a corrente no dispositivo.

Funcionamento: Quando V_{gs} é aplicado à(s) porta(s) de um transístor, dois factores influenciam significativamente o lado da fonte: a eficácia do controlo da porta (função da porta) e os níveis de dopagem das regiões da fonte e do dreno. Nas estruturas multiporta, em que existem várias portas a controlar o canal, a aplicação de uma tensão a ambas as portas pode deixar o potencial do corpo relativamente inalterado na vertical (dentro do corpo de silício). Como o potencial de superfície (o potencial na superfície do canal) aumenta devido à tensão da porta, a barreira para os portadores entrarem no canal a partir da fonte é reduzida. Isto permite que um número significativamente maior de portadores seja injetado da fonte para o canal. Embora as estruturas multiporta ofereçam vantagens como melhores efeitos de canal curto (SCEs) e maior corrente de acionamento por unidade de área de silício, o seu fabrico complexo constitui um desafio. Para ultrapassar estas limitações e miniaturizar ainda mais os dispositivos nano-electrónicos, os investigadores estão a explorar materiais alternativos para além do silício. Os desafios no fabrico de DG-FETs são os seguintes.

Tamanho idêntico da porta: As técnicas de fabrico têm de garantir que ambas as portas de um DG-FET têm exatamente as mesmas dimensões. Quaisquer discrepâncias de tamanho podem levar a um controlo desigual sobre o canal, afectando o desempenho do dispositivo.

Alinhamento perfeito da fonte/dreno: As regiões de fonte e dreno precisam de estar perfeitamente alinhadas com as portas superior e inferior. O desalinhamento pode causar correntes de fuga e degradar o comportamento do transístor.

Alinhamento exato de porta a porta: As duas portas devem ser meticulosamente alinhadas uma em relação à outra. Qualquer desalinhamento pode levar novamente a um controlo desigual e comprometer o desempenho do dispositivo.

Ligação de porta de baixa resistência: É necessário um caminho de baixa resistência para ligar eletricamente os dois portões. Isto permite que funcionem como uma única unidade, minimizando a perda de sinal e assegurando um controlo eficiente do canal.

Estes desafios contribuem para a complexidade e o custo do fabrico de DG-FETs em comparação com os MOSFETs tradicionais. No entanto, os potenciais benefícios dos DG-FET, como a melhoria da escalabilidade e a redução dos efeitos de canal curto, continuam a impulsionar os esforços de investigação para ultrapassar estes obstáculos de fabrico.

1.3.3 FinFET

A tecnologia FinFET revoluciona a conceção dos transístores, substituindo a porta plana e bidimensional (2D) de um MOSFET plano por uma fina aleta de silício que se encontra na vertical no substrato. Esta estrutura de aletas permite que as portas sejam posicionadas em vários lados (normalmente nos lados e no topo) para um controlo mais preciso do fluxo de corrente no canal[17]. Os eléctrodos de porta podem ser fabricados a partir de materiais como o polissilício ou ligas metálicas. Uma das principais vantagens dos FinFET é a sua capacidade de fabrico. Em comparação com outros dispositivos multiporta, os FinFET oferecem um processo de produção relativamente mais simples, mantendo a compatibilidade com as técnicas de fabrico de MOSFET planares existentes. Em termos mais simples, um FinFET pode ser visto como um MOSFET regular "dobrado" ao longo do comprimento da porta, criando uma estrutura tridimensional[18].O FinFET apresenta várias melhorias de desempenho em relação aos MOSFETs em massa e até mesmo aos DGMOSFETs:**Maior corrente de ligação (I_{on}):**O FinFET permite um maior fluxo de corrente quando ligado (Ion alto).**Baixa corrente de desligamento (I_{off}):** A corrente de fuga quando o transístor está desligado (I_{off}) é significativamente reduzida no FinFET.**Velocidade de comutação mais rápida:**O FinFET pode ligar e desligar muito mais rapidamente do que os transístores tradicionais.**Controlo superior em canais curtos:** A presença de múltiplas portas proporciona um excelente controlo sobre o canal, especialmente em transístores com comprimentos de porta muito curtos.

A estrutura FinFET é apresentada na figura 1.8. Ao projetar um FinFET, é necessário ter em conta vários parâmetros fundamentais, incluindo o comprimento da aleta (L_{fin}):

Refere-se ao comprimento da aleta de silício ao longo da direção da porta. Largura da aleta (W_{fin}): Esta é a largura da aleta fina de silício. Espessura da aleta (t_{fin}): É a espessura da aleta de silício, um fator crucial para o desempenho do dispositivo. Ao otimizar estes parâmetros e explorar novas variações de FinFET, os investigadores podem continuar a melhorar o desempenho dos transístores e a alargar os limites da miniaturização [19].

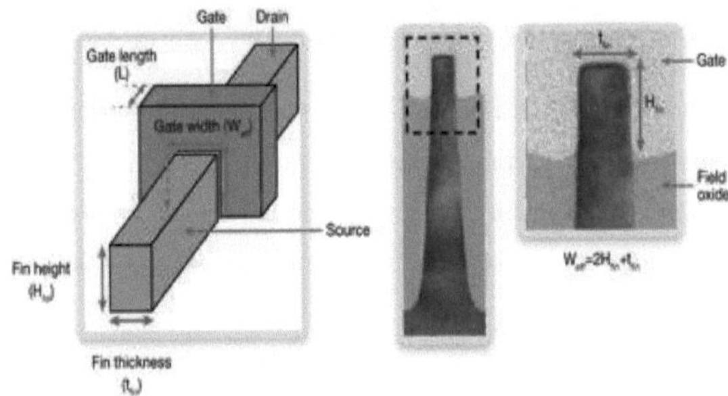

Figura 1.8: Estrutura básica FinFET.

O comprimento efetivo do canal (L_{eff}) e a largura (W_{eff}) são calculados pelas equações (1.6) e (1.7)

$$L_{eff} = (L_{gate} + (2L_{ext})) \tag{1.6}$$

$$W_{eff} = (t_{fin} + (2H_{fin})) \tag{1.7}$$

O número de alhetas pode ser maior para obter um maior controlo. Para um número "n" de alhetas paralelas, a largura total é dada por $W_{tot} = n(t_{fin} + (2H_{fin}))$.

A Figura 1.9 compara as caraterísticas de transferência de MOSFET, DG MOSFET e FinFET. Revela que os FinFET exibem uma corrente de estado inferior em comparação com os outros dois tipos de transístores. Além disso, o FinFET demonstra um valor SS superior, atingindo cerca de 60 mV/dec no nó tecnológico de 25 nm. Para dispositivos de alta velocidade, o valor SS deve ser < 60mV/dec, no caso dos FinFET, uma vez que a corrente de desativação não é tão baixa quanto o necessário, e a tecnologia depara-se com vários desafios, incluindo máscaras adicionais para garantir uma impressão precisa de caraterísticas a 20nm e escalas mais pequenas [20].

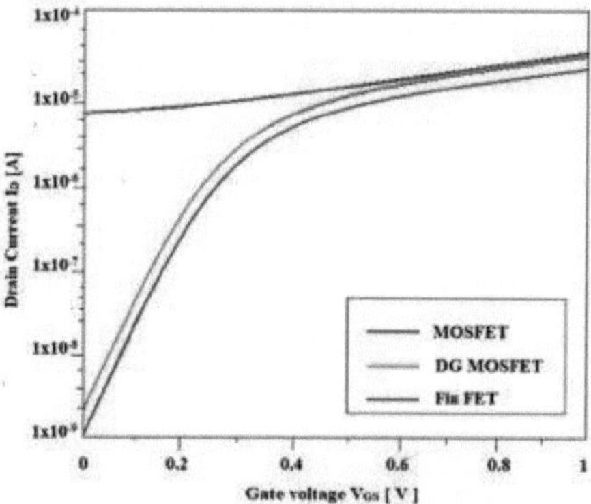

Figura 1.9: Caraterísticas I-V do MOSFET, DG-MOSFET e Fin FET.

Além disso, existe a possibilidade de uma discrepância de resistividade de 50 vezes ou mais entre as camadas metálicas superior e inferior, e as tendências de electromigração aumentam com cada redução subsequente no nó do processo. Embora os FinFET ofereçam vantagens significativas, enfrentam limitações para dispositivos de ultra-alta velocidade. O seu valor SS, idealmente inferior a 60 mV/dec para este tipo de aplicações, pode não ser tão baixo como o desejado com a atual tecnologia FinFET [21]. Além disso, o escalonamento do FinFET para dimensões mais pequenas (inferiores a 20 nm) apresenta desafios como uma maior complexidade de fabrico e a variação da resistividade do metal: A resistência eléctrica das camadas metálicas pode variar significativamente entre as camadas superior e inferior, afectando o desempenho e a electromigração.

Para fazer face a estas limitações e obter potencialmente caraterísticas de comutação mais acentuadas, os FET de túnel (TFET) estão a ser explorados como alternativa aos FinFET. Os TFET utilizam um mecanismo de condução diferente, denominado BTBT, para o fluxo de corrente.

1.3.4 Túnel-FET

Nos últimos anos, os TFETs surgiram como uma alternativa promissora aos MOSFETs tradicionais devido ao seu potencial para altas taxas de comutação e baixas tensões de funcionamento. Em comparação com os FinFET e outros dispositivos convencionais, os TFET oferecem várias vantagens, como uma maior inclinação do sublimiar, uma menor dependência da temperatura e o mecanismo BTBT. A Figura 1.10 ilustra a estrutura básica de um TFET, que normalmente tem uma estrutura p-i-n (fonte dopada com p, canal intrínseco, dreno dopado com n). É na região sublimiar, onde a banda de condução do canal intrínseco não se alinha totalmente com a banda de valência da região p, que o mecanismo BTBT domina [22]. É interessante notar que, mesmo com este princípio de funcionamento diferente, os TFET continuam a apresentar uma região quase linear na sua corrente de drenagem num gráfico log-linear da tensão da porta. Os investigadores estão a trabalhar ativamente para ultrapassar estas limitações e melhorar ainda mais o desempenho dos TFET, a fim de preparar o caminho para futuros dispositivos electrónicos de baixa potência e alta velocidade.

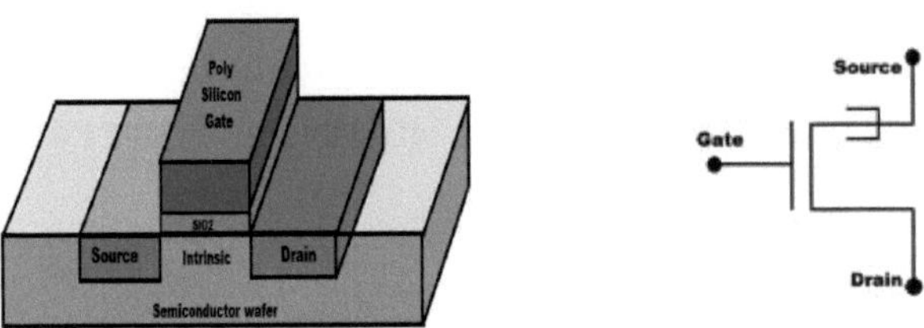

Figura 1.10: Estrutura básica do TFET [39]

Os TFET são excelentes na minimização da corrente de fuga, o que os torna ideais para aplicações de baixo consumo, atingem normalmente valores de SS inferiores a 60 mV/dec e, combinando um baixo I_{off} e um SS acentuado, permitem poupanças de energia significativas em comparação com os transístores tradicionais [23]. Embora sejam excelentes na redução de fugas, a sua corrente no estado ativo (corrente de acionamento) é geralmente inferior à dos MOSFET ou FinFET. Este facto pode limitar a sua aplicabilidade em determinadas aplicações de elevado desempenho em que a condução de correntes elevadas é crucial.

1.4 MECANISMO DE TUNELAMENTO DE BANDA PARA BANDA

Imagine uma partícula minúscula (partícula quântica) num mundo unidimensional. A figura 1.11 representa uma barreira de potencial retangular. Essa barreira tem uma altura específica, V0, dentro de uma certa região ($0 < x < L$), enquanto o potencial é zero fora dessa região ($x < 0$ e $x > L$).De acordo com a teoria da mecânica quântica, a equação 1.8 de Schrödinger pode ser usada para determinar o comportamento dessa partícula quando ela encontra essa barreira. Esta equação descreve essencialmente a relação entre a energia da partícula (E), a sua massa (m) e o potencial que experimenta (V(x)) em diferentes posições (x) ao longo da trajetória.Além disso, usando a relação $k = 2m(E-V(x))/h^2$ (onde k é um vetor de onda e h é a constante de Planck), podemos simplificar a equação (1.8) levando à equação (1.9). Esta simplificação ajuda-nos a analisar a função de onda da partícula e o seu comportamento no interior da barreira de potencial.

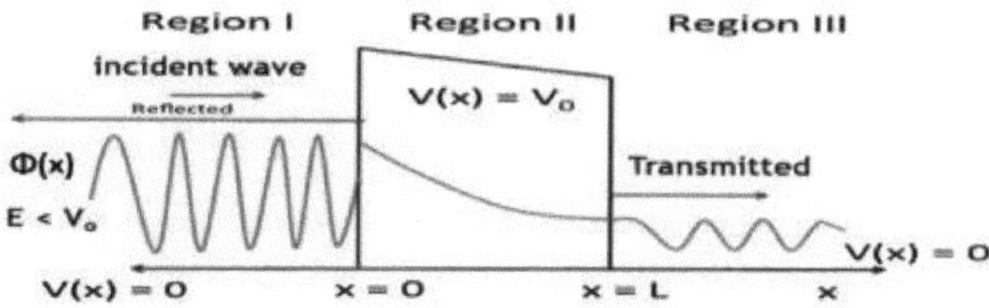

Figura 1.11: Tunelamento através de uma barreira de potencial (V0). Uma onda de entrada Φ(x) com energia (E), onde E<V_0 é visível na região I (x< 0), está a aproximar-se. Na região II (0< x <L), a onda degrada-se progressivamente, reflectindo-se parcialmente na região I. A componente transmitida retoma a sua trajetória na região III (x > L), embora com menor amplitude.

$$-\frac{\hbar^2}{2m}\frac{d^2}{dx^2}\Phi(x) + U(x)\Phi(x) = E\Phi(x) \tag{1.8}$$

$$\frac{d^2}{dx^2}\Phi(x) = -k^2\Phi(x) \tag{1.9}$$

A equação (1.10) fornece a solução individual de Φ(x)para uma onda de energia E< V_0 para as várias regiões mostradas na figura 1.11.

$$\Phi(x) = \begin{cases} C_1 e^{ik_1 x} + C_2 e^{-ik_1 x}, & \text{if } x < 0 \\ C_3 e^{ik_2 x}, & \text{if } 0 < x < L \\ C_4 e^{ik_1 x}, & \text{if } x > L \end{cases} \tag{1.10}$$

(1) Na região I (x<0), a solução apresenta uma sobreposição de ondas, e o valor de k é dado por $k_1 = \sqrt{2mE/\hbar^2}$. O primeiro termo, com um expoente positivo, representa uma onda ligada para dentro que se move no sentido correto. O segundo termo, com um expoente negativo, descreve a onda reflectida.

(2) Se a energia da onda quântica na região-II (0<x<L) for inferior à barreira potencial (E<V0), k passa a $k_2 = \sqrt{2m(E - V_0)/\hbar^2}$. Como resultado, a equação (1.10) tem uma solução exponencial. A amplitude da onda nesta zona só pode diminuir. Por isso, devemos descartar a solução exponencial positiva.

(3) À medida que a onda se desloca para a região III (x > L), a sua amplitude diminui e move-se no sentido positivo. Como a função de onda é contínua em cada ponto,

as limitações mostradas na figura 1.11 são usadas para determinar os valores dos coeficientes de reflexão (R) e transmissão (T) de modo que T + R = 1.

Onde,

$$R=\frac{|C_2|^2}{|C_1|^2}=\frac{\sinh^2(K_2L)}{1+\frac{1}{4E(V_0-E)}\frac{V_0^2}{}\sinh^2(K_2L)} \ \& \ T=\frac{|C_4|^2}{|C_1|^2}=\frac{1}{1+\frac{1}{4E(V_0-E)}\frac{V_0^2}{}\sinh^2(K_2L)} \quad (1.11)$$

É importante notar que, para energias pequenas (E << 1) e barreiras consideráveis (L >> 1), T é aproximado pela equação acima (1.11):

Como resultado, k_2 L >> 1, podemos deduzir que sinh(k_2 L) =1/2 ($e^{k2\,L}$ - e) ≈1/2$e^{-k2Lk2L}$, onde a última componente cresce exponencialmente com L. Uma vez que a segunda componente no denominador de T já não é relevante na equação (1.12),

$$T\approx\frac{1}{1+\frac{1}{4E(V_0-E)}\frac{V_0^2}{}\left(\frac{1}{2}e^{k_2L}\right)^{2^2}}=\frac{16E(V_0-E)}{V_0^2}e^{-k_2L} \quad (1.12)$$

A largura (L) e a altura (V_0) das medidas da barreira são, portanto, necessárias para o tunelamento, como mostra a figura 1.11.

"Ao contrário dos MOSFETs, que dependem da emissão termiónica para o fluxo de corrente, os TFETs utilizam BTBT. Isto permite que uma tensão de porta controle o potencial elétrico dentro do canal intrínseco, permitindo baixas SS e correntes de fuga mínimas no estado desligado. Para melhorar ainda mais estes parâmetros de conceção e, potencialmente, conseguir uma corrente de acionamento mais elevada, os investigadores estão a explorar novas estruturas e materiais para os TFET.

Nos TFETs do tipo n, a condução de corrente ocorre através de BTBT [24]. Este processo é influenciado pelo alinhamento das bandas de energia (banda de condução (CB) do canal e banda de valência (VB) da fonte) no interior do dispositivo, controlado pela tensão da porta (V_{gs}). Quando o bordo da CB se alinha com o bordo da VB devido a uma tensão de porta adequada, abre-se uma estreita "janela de tunelamento" entre a fonte e o canal. Os electrões do VB da fonte podem então passar através desta fina barreira, criando um fluxo de corrente através do transístor.

A Figura 1.12 ilustra como os diagramas de banda de energia do dispositivo mudam com a tensão de porta aplicada. Quando não é aplicada qualquer tensão de porta (V_{gs} =0V), a barreira de potencial no canal permanece elevada, impedindo uma BTBT significativa.

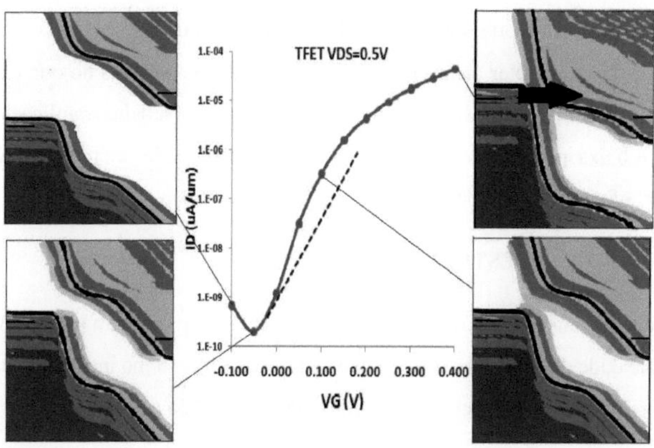

Figura 1.12: Banda de energia correspondente às tensões de porta [10].

Isto resulta numa corrente de fuga mínima, normalmente na ordem dos picoamperes por micrómetro (pA/μm) ou dos femtoamperes por micrómetro (fA/μm), embora possa haver um pequeno fluxo de corrente. Quando a tensão de porta (V_{gs}) excede um valor específico designado por tensão de limiar (V_{th}), que é tipicamente positiva para os TFET do tipo n, ocorrem os seguintes processos: A barreira de potencial dentro da região intrínseca diminui. O CB do canal começa a alinhar-se com o VB da fonte, o que cria uma janela de energia estreita para a BTBT[25]. Assim, os electrões da VB da fonte podem agora tunelar através desta fina barreira, resultando num pequeno fluxo de corrente no estado ligado no transístor. À medida que V_{gs} é aumentado para além de V_{th}, o alinhamento das bandas de energia melhora, o que permite que um maior número de electrões faça o túnel, levando a um aumento adicional da corrente no estado ligado. Quando é aplicada uma tensão de polarização inversa entre o dreno e a região intrínseca, pode fluir uma pequena corrente de fuga (I_{gen}).

1.5 MOTIVAÇÃO

No atual estado da arte em VLSI, a investigação tem-se centrado na conceção de dispositivos com uma tensão de funcionamento e um orçamento mínimo de energia, para além da inclusão de mais funcionalidades e de requisitos de elevado desempenho. Nas últimas duas décadas, tem-se realizado uma quantidade significativa de investigação sobre dispositivos à escala nanométrica com alta velocidade para acomodar mais funcionalidades na área de silício. Uma vez que o MOSFET convencional não é adequado para as caraterísticas acima referidas, a investigação está a ser desviada para a investigação de novos dispositivos/estruturas. A principal motivação desta investigação é enfrentar o desafio do controlo da porta sobre o canal quando o dispositivo é escalado abaixo da tecnologia de 45 nm e obter caraterísticas IV muito mais acentuadas do que o MOSFET convencional e operar o dispositivo na região sublimiar para satisfazer aplicações de alta velocidade e baixa potência. A velocidade do dispositivo pode ser melhorada se o seu valor SS for inferior a 60mV/década.

1.6 LACUNAS NA INVESTIGAÇÃO

- ❖ Abaixo dos nós tecnológicos de 25 nm, os FinFET apresentam um declínio na sua capacidade de controlar eficazmente o fluxo de corrente no interior do canal. Este facto pode levar a um comportamento imprevisível do dispositivo.
- ❖ Os FinFET atingem normalmente valores SS de cerca de 60 mV/dec, o que não é ideal para aplicações de ultra-baixa potência.
- ❖ No FinFET multiportas, a presença de cantos pode exacerbar os SCE, afectando ainda mais o desempenho do dispositivo.
- ❖ Embora a BTBT ofereça um caminho promissor para uma comutação mais acentuada, é necessária mais investigação para otimizar este mecanismo nos TFET.
- ❖ Nenhum dispositivo com declive de sublimiar < 20mV/dec.

1.7 PROBLEMA

Os desafios de escala enfrentados pelos FinFET (perda de controlo da porta) e a corrente limitada nos TFET exigem a exploração de novas arquitecturas de dispositivos. Esta investigação propõe o desenvolvimento de um dispositivo híbrido que aproveita os pontos fortes dos FinFET e dos TFET para obter uma corrente ligada elevada e melhores valores de SS.

1.8 OBJECTIVOS

O estudo da literatura sobre as caraterísticas I-V dos dispositivos MOS na gama de nano-tecnologias para obter caraterísticas I-V mais acentuadas revelou as lacunas de investigação mencionadas e a declaração do problema. Assim, são definidos os seguintes objectivos para responder à questão problemática.

Objetivo-1: Conceber FinFET e TFET e extrair a altura óptima das alhetas e o comprimento do canal dos respectivos dispositivos.

Objetivo-2: Propor um dispositivo de modelo híbrido para obter o valor SS < 30mV/dec., e é proposto um modelo analítico para o modelo.

Objetivo-3: Conceber um dispositivo híbrido de porta metálica dupla para melhorar ainda mais a corrente de acionamento, melhorando assim o valor SS < 20mV/dec.

1.9OBJECTIVO DA TESE

O objetivo desta investigação é melhorar o I_{on} num dispositivo e implementar um mecanismo de porta adequado para obter um controlo eficiente da porta sobre o canal e, consequentemente, obter baixas correntes de estado de desativação. Além disso, o valor SS do dispositivo deve ser melhorado para obter <30mV/dec para atender à demanda de aplicações de alta velocidade.

1.10 ESBOÇO DA TESE

O resto da tese está organizado da seguinte forma.

Capítulo 2: Descreve a literatura significativa sobre as caraterísticas I-V dos MOSFET, FinFET e TFET, as limitações dos SS e as possíveis soluções.

Capítulo 3: Apresenta a modelação do FinFET, as caraterísticas I-V, a influência das dimensões do Fin nas suas caraterísticas de transferência.

Capítulo 4: Apresenta a modelação de TFET de porta simples e de porta dupla, as caraterísticas I-VC, o potencial de superfície e os procedimentos analíticos do campo elétrico para melhorar as caraterísticas.

Capítulo 5: Apresenta a teoria de implementação de um novo dispositivo híbrido, modelação analítica e simulações TCAD. Exatidão das caraterísticas I-V, correntes no estado e fora do estado, e valor SS.

Capítulo 6: Apresenta os resultados globais da investigação. Todos os três parâmetros de conceção dos dispositivos FinFET, TFET e híbridos são comparados com trabalhos semelhantes já existentes.

Capítulo 7: Conclusão são apresentadas as observações sobre a tese e o âmbito futuro do trabalho.

CAPÍTULO- II

REVISÃO DA LITERATURA

CAPÍTULO- II

REVISÃO DA LITERATURA

Este capítulo analisa as caraterísticas de corrente-tensão (I-V) dos transístores de efeito de campo de semicondutores de óxido metálico, DG MOSFET, FinFET e TFET. Centra-se no declive das suas curvas I-V, nas correntes de estado ligado e desligado e nas limitações das tecnologias existentes. O capítulo discute a necessidade de melhorias na corrente no estado, na corrente de fuga e na inclinação sublimiar (SS) e apresenta a investigação recente, revista por pares, sobre estas tecnologias de transístores.

[26] O trabalho (Mahmoud S. Badran et al.2019) projetou um novo FinFET de três portas com um comprimento de canal de 7 nm e um dielétrico de porta de material dual-k. Eles investigaram o impacto do comprimento do espaçador (L_{sp}) e a porção high-k do material dual-k (LHK) no desempenho do dispositivo.Corrente de fuga minimizada: O design otimizado atinge correntes de fuga notavelmente baixas:

- n-FinFET: I_{off} = 17 pA/µm.
- p-FinFET: I_{off} = 14,7 pA/µm.

Elevado rácio ligado/desligado: Ambos os dispositivos propostos apresentam excelentes rácios de ativação/desativação:

- n-FinFET: Ião/I_{off} = 12,3 x 10^6
- p-FinFET: Ião/I_{off} = 11 x 10^6

[27]O trabalho (Natalia Seoane et al. 2018) investigou a influência da forma do FinFET (retangular, em forma de bala e triangular) nas suas caraterísticas I-V. Diferentes formas exibem diferentes níveis de sensibilidade às imperfeições de fabricação comoGranularidade de grãos metálicos (MGG): Variações no tamanho e disposição dos grãos metálicos no elétrodo de porta. Rugosidade da borda da linha (LER): Irregularidades nos bordos do elétrodo de porta.Dopantes aleatórios (RDs): Em comparação com os FinFET rectangulares e em forma de bala, a forma triangular oferece baixa corrente de desativação, baixo DIBL, elevada relação on-off e transição mais nítida. Independentemente da forma da secção transversal, a investigação conclui que as variações MGG são a fonte mais significativa de variabilidade no FinFET. Contribuem para maiores variações na tensão de limiar (V_{th}) em comparação com os LER e os RD.

[28]O trabalho (Wen-Kuan Yeh et al.2018)Esta pesquisa explora como o número de aletas (canais) em um FinFET (Transistor de efeito de campo) com várias aletas afeta seu desempenho e confiabilidade sob condições de estresse.O efeito da quantização do portador (confinamento de elétrons e buracos em uma região específica) nas caraterísticas do dispositivo e na degradação induzida por estresse. Um menor número de alhetas proporciona um forte acoplamento entre alhetas, o que leva a um melhor desempenho do dispositivo e reduz a degradação do portador quente. Um maior número de alhetas conduz à ação inversa. O presente estudo indicou a degradação do SS como uma medida do desempenho do dispositivo em condições de stress:

- 6 aletas: 73,3% de degradação após 6000 segundos de tensão
- 20 barbatanas: 53,7% de degradação
- 40 alhetas: 50,5% de degradação

[29]O trabalho (J.P Colinge, 2008) descreveu que, na tecnologia FinFET, o nível de dopagem do canal desempenha um papel crucial no equilíbrio entre a corrente de fuga e o desempenho do dispositivo. O canal não dopado oferece o melhor controlo da porta sobre a corrente do canal, minimizando as correntes de fuga no estado desligado. No entanto, os canais não dopados também podem apresentar uma menor mobilidade de portadores, afectando potencialmente o desempenho do dispositivo. A dopagem ligeira do canal pode melhorar o controlo das correntes de fuga em comparação com um canal não dopado. No entanto, isto tem o custo de um ligeiro aumento da fuga e de uma mobilidade potencialmente reduzida dos portadores.

[30]O trabalho (D.C.Elias; J. M. Law et al.,2013) Fabricar InGaAsFinFET de alto desempenho com a elevada relação de aspeto desejada para uma densidade de corrente de acionamento óptima e descreveu que, no FinFET, a corrente de acionamento por unidade de área de matriz é maximizada quando a altura da aleta (H_{fin}) é significativamente maior do que a largura da aleta (W_{fin}), variando tipicamente de 10 a 100 vezes a largura. No entanto, a obtenção de rácios de aspeto tão elevados (aletas altas e estreitas) apresenta desafios de fabrico significativos, tais como i) Pode ser difícil gravar aletas extremamente finas (alguns nanómetros de largura) mantendo uma altura elevada das aletas (superior a 100 nm). O controlo da inclinação da parede lateral do ataque e a minimização da degradação da superfície durante o processo de ataque a seco tornam-se cruciais. ii) O InGaAs é um material habitualmente utilizado para FinFET devido às suas propriedades eléctricas superiores. No entanto, o fabrico de InGaAsFinFET com rácios de aspeto tão elevados exige uma otimização cuidadosa do processo de fabrico. Uma abordagem proposta para enfrentar estes desafios é o desenvolvimento de um fluxo de fabrico

específico de InGaAs FinFET que permite a criação de aletas com uma largura de 10 nm (W_{fin}) e uma altura de 200 nm (H_{fin}).

[31]O trabalho (Suzuki Yu, Y.S. et al.,2003) discutiu a Distribuição de Potencial em FinFET.Entender a distribuição de potencial em FinFET requer uma análise abrangente que leva em conta a equação de Poisson, considerações 3D, efeitos de dopagem e a importância da mecânica quântica. A distribuição do potencial elétrico ($\Phi(x,y,z)$) dentro do substrato é crucial para a análise e otimização do dispositivo. Esta análise é regida principalmente pela equação de Poisson. Esta equação em eletrostática relaciona o campo elétrico ($E(x,y,z)$) com a densidade de carga dentro do material. A presença de átomos dopantes, como os aceitadores (Na), influencia a distribuição de cargas no substrato e deve ser considerada na análise. A carga de um eletrão (q) desempenha um papel crucial na determinação do campo elétrico e da distribuição do potencial.

[32] O trabalho (R. A. Thakker et al., 2010) explicou a metodologia da tabela de consulta (LUT), que oferece uma abordagem prática e eficiente para o projeto de circuitos FinFET, particularmente no contexto de projectos modernos de baixa potência em que a condução sublimiar desempenha um papel significativo. Os modelos analíticos tradicionais utilizados para os MOSFET podem não ser diretamente aplicáveis aos FinFET. A abordagem LUT não exige um conhecimento profundo dos mecanismos físicos subjacentes ao dispositivo. A abordagem LUT baseia-se em pontos de dados pré-computados para as caraterísticas corrente-tensão (I-V) e carga-tensão (Q-V) do dispositivo. Estes pontos de dados são normalmente gerados através de simulações ou medições. Factores adicionais como variações de temperatura ou variações de processo podem também ser incorporados na LUT para ter em conta as condições do mundo real.

[33] Na pesquisa (Pankaj Kumar, Saurav Roy et al., 2017) propuseram um FinFET de túnel de tri-gate de túnel de sobreposição de fonte sobreposta (GoS-HTT) do tipo n com comprimento de porta de 50 nm. O uso de uma fonte de germânio (Ge) neste projeto aumenta significativamente a taxa de tunelamento devido a uma área de sobreposição maior com todo o canal. Isto resulta num processo de tunelamento mais eficiente e num melhor desempenho do dispositivo. O GoS-HTT FinFET produziu uma métrica de desempenho impressionante:

- Corrente elevada em estado ativo (I_{on}): 120 A/m
- Variação acentuada do sublimiar (SS): 39 mV/década
- Tensão de funcionamento baixa (V_{DD}): 0.5 V

- Rácio I/I_{onoff} elevado: 2 x 10^{10} A/m, indicando um excelente controlo da corrente

Os materiais Dual-k utilizados nesta estrutura de dispositivo podem melhorar ainda mais o desempenho global do GoS-HTT FinFET, aumentando a corrente no estado ativo em vários aspectos, como as margens de ruído e as caraterísticas de atraso, e reduzindo o atraso de propagação para uma comutação mais rápida.

[34]O trabalho (I.Ch.Cherik e S. Mohammadi et al., 2022), propõe um novo transístor de tunelamento vertical O transístor utiliza duas regiões de fonte de germânio e um canal de silício em forma de T. E investigar seu desempenho para aplicações digitais / analógicas e de bio-sensores de baixa tensão; usando simulações numéricas. O design incorpora duas áreas de bolsa N+ fortemente dopadas perto das fontes de germânio para melhorar o desempenho de comutação. A investigação investigou o desempenho do dispositivo através de simulações numéricas e alcançou as seguintes métricas-chave:

- I_{on} (Corrente em estado ativo): 88,9 μA/μm.
- SS_{Avg} (oscilação média do sublimiar): 75,28 mV/dec
- I_{off} (Corrente fora de estado): 10^{-9} μA/μm.
- Rácio I/I_{onoff} : = $1{,}51 \times 10^{10}$

[35]O trabalho (Ashish pal, Angada B.Sachid, et al, 2011) centrou-se simplesmente na corrente no estado e explora vários aspectos do desempenho dos TFET, incluindo a velocidade de comutação, a capacitância da porta e comparações com os MOSFET. Os TFETs de silício podem exibir uma corrente mais elevada em comparação com os transístores NMOS quando operados a baixas tensões de alimentação (V_{dd} < 0,3V). Os TFETs podem ter uma capacitância de porta mais elevada em comparação com os MOSFETs com a mesma corrente fora de estado (I_{off}). Os resultados fornecem informações valiosas para otimizar ainda mais o design do TFET e as suas potenciais aplicações.

[36] O trabalho (I. C. Cherik et al., 2022) propôs uma abordagem promissora para o desenvolvimento de DGTFETs de nanotubos de alto desempenho e baixa potência com caraterísticas de comutação superiores, denominada estrutura hetero Si/Ge. Este projeto incorpora duas áreas de fonte de germânio (Ge) cobertas pelo metal da porta. Esta configuração melhora o desempenho de comutação, facilitando o tunelamento de linha dentro destas regiões. Os portadores de carga em túnel fluem eficientemente para a região de drenagem através de duas regiões de canal de silício (Si) do tipo n.

- I_{on} (Corrente em estado ativo): 52,19 μA/μm
- SS_{Avg} (oscilação média do sublimiar): 27 mV/dec
- Rácio I /I_{onoff} : 3,92 × 10^7
- DIBL=45 mV/V

[37]O trabalho (Quinquian, Ru Haung, et al, 2012) propôs uma nova abordagem para TFETs com desempenho melhorado. Desenvolveu um dispositivo TFET modulado por depleção. Este projeto utiliza uma junção de silício para modular a região de depleção. O dispositivo apresenta uma oscilação mínima de sublimiar (SS_{min}) de 50 mV/dec e uma SS média (SS_{avg}) de 85 mV/dec, mantendo uma baixa corrente de estado desligado devido ao efeito de modulação de depleção. Utilizando um modelo dinâmico de tunelamento não local, o JTFET à escala com uma largura de porta estreita de 50 nm pode atingir um SS_{min} de 50 mV/dec,

[38] O trabalho (Rajat vishnoi, M. Jagadish kumar, et al, 2014) apresenta uma nova ferramenta analítica para a compreensão e conceção de TFETs, em particular no contexto de campos eléctricos elevados e fenómenos de aprisionamento de carga para concepções de memória. Apresentou um modelo analítico 2D para calcular o potencial de superfície e a tensão de limiar de um TFET. Este modelo incorpora o efeito de cargas localizadas na camada de óxido perto da região da fonte. Estas cargas são induzidas pelos elevados campos eléctricos presentes na região de tunelamento. A tensão de limiar é extraída utilizando o método da corrente constante. Este modelo prevê campos eléctricos elevados de cerca de 10^5 V/cm na região do canal.

[39] O trabalho (Willium G. Vandenberghe, Anne S. Verhulst, et al, 2008) derivou um modelo analítico conciso para a corrente num TFET, tendo em conta os mecanismos de tunelamento pontual e de tunelamento em linha. Este modelo baseia-se no perfil de potencial e no modelo de Kane para cálculos de tunelamento de banda a banda. Este estudo demonstrou que um material com um intervalo de banda mais baixo leva a uma melhoria da corrente de entrada e a uma diminuição da corrente de saída nos TFETs. A redução da espessura do óxido da porta melhora a corrente de entrada através do tunelamento pontual, mas também diminui a tensão de início do tunelamento de linha.

[40] O trabalho (S.Blaeser, Stefen Glass, et al, 2016) desenvolveu um TFETs SiGe/Si de alto desempenho com caraterísticas melhoradas de corrente ligada, baixa corrente desligada e caraterísticas de comutação íngremes. Este dispositivo utilizou uma camada de SiGe na junção do túnel da fonte, oferecendo vantagens sobre os TFETs de silício puro.

Neste caso, é introduzida uma bolsa contra-dopada na camada de SiGe para melhorar o perfil de dopagem e aumentar a eficiência do tunelamento. O processo de fabrico inclui um passo de silicidação auto-ajustado que aumenta a área de tunelamento banda-banda (BTBT) diretamente sob a porta,

- o I_{on} (Corrente de estado ligado): 6,7μA/μmat uma tensão de alimentação baixa de 0,5 V
- o SS_{Avg} (oscilação média do sublimiar): 80 mV/dec

[41] O trabalho (Sneh Saurabh e M. Jagadesh Kumar, et al, 2010) discutiu o potencial dos DGTFETs esticados como uma solução para melhorar a fiabilidade dos TFETs em futuras tecnologias CMOS. Os TFETs convencionais são susceptíveis a variações nas suas caraterísticas eléctricas devido a flutuações nos parâmetros do dispositivo durante o processo de fabrico. Estas variações podem afetar significativamente o desempenho e a fiabilidade do dispositivo. Assim, propôs-se um DGTFET esticado como solução para atenuar o impacto das variações do processo. Este estudo utilizou simulações de dispositivos 2-D para analisar as caraterísticas eléctricas do DGTFET deformado sob diversas variações de processo. Os resultados demonstram que o DGTFET deformado é significativamente menos sensível a variações no comprimento do canal, até cerca de 25 nm. Este facto indica uma maior robustez contra as flutuações induzidas pelo processo. Ao reduzir o impacto das variações do processo em parâmetros-chave como a corrente de entrada, a tensão de limiar e a oscilação de sublimiar, o DGTFET deformado oferece uma maior fiabilidade em comparação com os DGTFET convencionais.

[42]O trabalho (J.H.Kimet al.,2019) propôs um TFET com estrutura de aleta SiGe para alcançar baixa potência e alto desempenho. Esta estrutura de aleta aumentou significativamente o íon em comparação com os grupos de controle Si e SiGe, reduzindo I_{off} e I_{amb} . A combinação de um material de pequeno intervalo (SiGe) e a estrutura de aleta oferece melhor controle de porta sobre o canal, levando a um tunelamento mais eficiente e íon mais alto. Além disso, o pequeno intervalo de banda do SiGe contribui para um declive sublimiar mais acentuado, indicando um comportamento de comutação mais nítido. O TFET com aletas de SiGe apresenta um Ion 24 vezes superior ao do grupo de controlo de Si e 6 vezes superior ao do grupo de controlo de SiGe. Comparado com o grupo de controlo SiGe, o TFET de aletas SiGe apresenta uma notável redução de 900 vezes em Iamb.

[43] O trabalho (E.-H. Toh e G. H. Wang et al.,2007)discute o impacto da posição da borda da fonte num tipo específico de TFET, o Lightly Doped Tunnel Field-Effect Transistor

(LTFET).Esta pesquisa enfatiza a importância da posição da borda da fonte em LTFETs. A localização da fonte afecta significativamente a corrente de iões na estrutura hetero-dieléctrica. Para que a fonte atinja a região do canal controlada pela porta, a dopagem da fonte tem de se estender para o exterior. No entanto, uma cauda contínua de dopagem do tipo p pode limitar a capacidade da porta de influenciar a região proteica do tipo n dentro do canal do lado da fonte.

[44] O trabalho (Jianzhi Wu, Jie Min, et al., 2015) Este estudo utilizou um modelo analítico que incorpora a depleção da fonte para analisar a distribuição de potencial 2D dentro do DGTFET. Este modelo ajuda a compreender o impacto dos efeitos de canal curto no comportamento do dispositivo. À medida que o comprimento do canal num DGTFET é reduzido, vários efeitos de canal curto tornam-se mais pronunciados. A corrente fora de estado torna-se cada vez mais sensível ao comprimento do canal, porque a polarização do dreno pode afetar significativamente a região da fonte. Esta influência crescente do dreno na região da fonte devido aos efeitos de canal curto leva a uma redução da oscilação sublimiar (SS). Esta investigação identifica um comprimento de canal crítico, aproximadamente o dobro da espessura do dispositivo. Abaixo deste comprimento crítico, a corrente fora de estado aumenta acentuadamente e a oscilação de sublimiar deteriora-se a um ponto em que excede 60 mV/dec, limitando significativamente o desempenho do dispositivo.

[45] O trabalho (Ma,Siguanget al.,2014) descreve os benefícios do TFET de porta de heterojunção com curto-circuito lateral (LSHG). Os projectos LSHG envolvem a lapidação das regiões de porta e dreno, permitindo que trabalhem em conjunto, aumentando assim efetivamente o espaço global de tunelamento dentro do dispositivo, ajudando também a minimizar a corrente de tunelamento ambipolar indesejada. Esta simplificação pode potencialmente reduzir o número de máscaras necessárias durante o fabrico. Esta configuração reduz a capacitância de franja do lado do dreno, minimizando assim os efeitos parasitas.

[46] O trabalho (Shivendra Yadav, Dheeraj Sharma, et al., 2017) propôs uma nova abordagem para reduzir a corrente de fuga em TFETs. Este método utiliza uma porta de controle de metal duplo com um material dielétrico de alto k na interface fonte-canal, os dois eletrodos da porta têm funções de trabalho diferentes (CG1 = 4eV e CG2 = 4,5eV). Esta variação na função de trabalho cria um poço quântico perto da junção fonte-canal. A presença do poço quântico controla eficazmente o tunelamento de portadores através da junção no estado de desativação, conduzindo a uma redução substancial da corrente de

desativação e do consumo de energia em modo de espera. Também torna o dispositivo mais robusto a altas temperaturas.

[47] O trabalho (P.G.Agopian et al., 2014) afirmou que os TFETs de linha oferecem vantagens de desempenho promissoras sobre FinFET e GAAFET, mas a seleção cuidadosa de materiais e a otimização do projeto são cruciais para superar os desafios associados aos materiais de bandgap ultrabaixo. Os TFETs de linha exibem um ganho de tensão mais alto e uma corrente mais alta do que o FinFET e o GAAFET. À medida que a área de depleção nos TFETs de linha diminui, a velocidade de tunelamento mais baixa também diminui, limitando o potencial de aprimoramento significativo de íons em semicondutores de bandgap ultrabaixo.

[48] O trabalho (NarasimhuluThoti, R Haritha et al.,2018) descreveu uma abordagem promissora para o desenvolvimento de FTFETs 3D de alto desempenho com baixo consumo de energia e caraterísticas de comutação eficientes por meio do uso de compostos de SiGe e otimização cuidadosa da altura da aleta.Compostos de SiGe na estrutura FTFET 3D, potencialmente oferecendo vantagens sobre FTFETs de silício puro.

- Corrente de acionamento elevada: 4µ A.
- Corrente de fuga baixa: $0,1x10^{-15}$ A.
- Variação acentuada do sublimiar: 28,23 mV/década

[49]O trabalho (M. Venkatetesh, N. B. Balamurugan et al.,2020) Esta pesquisa apresenta um modelo analítico para a tensão de limiar (V_{th}) do Dual Halo Gate Stacked Triple Material Dual Gate TFET (DH-GS-TM-DG-TFET), incorporando os efeitos da engenharia de porta e canal. Este modelo assume uma densidade de carga constante na interface HfO /SiO_{22} dentro da camada de óxido empilhada. O resultado da investigação deste estudo é o seguinte.

- Rácio elevado I /I_{onoff} : 10 .^{10}
- Corrente de ligação elevada: 10^{-6} A/µm.
- Baixa corrente de desativação: 10^{-16} A/µm.
- Variação acentuada do sublimiar: 50 mV/dec.

[50]O trabalho (D.B. Abdi, M. Jagadesh Kumaret al.,2016) Esta investigação projecta um aumento substancial no rácio entre a corrente no estado (I_{on}) e a corrente fora do estado

(I_{off}) para TFETs com duas portas metálicas. Um novo e preciso modelo de tensão de limiar (V_{th}) foi desenvolvido com base no método de inversão de carga. Este modelo fornece informações valiosas sobre o comportamento de V_{th} do TFET com duas portas metálicas, permitindo uma melhor otimização e controlo do dispositivo. O modelo é utilizado para analisar e quantificar o Roll-Off da tensão de limiar e o coeficiente DIBL. A utilização de materiais dieléctricos high-k melhora ainda mais o controlo da porta sobre a região do canal e reduz as correntes de fuga.

[51] O trabalho (Mitra, E., Dinesh Kumar.D., et al., 2018) Esta pesquisa introduziu um novo design TFET Double Metal Tri-Gate Silicon-On-Nothing (DMTG SON) com desempenho aprimorado. Esta estrutura emprega uma estrutura tri-gate com dois metais diferentes formando os portões e uma camada de silício sobre nada (SON) para o canal. A utilização de dois metais diferentes para as portas oferece vantagens em relação aos projectos de porta de metal único. As diferentes funções de trabalho dos metais criam uma barreira sobre a região do canal, suprimindo efetivamente o tunelamento inverso de portadores do dreno para a fonte. Derivou um modelo analítico para derivar o potencial de superfície (Φ_s) e o campo elétrico (E) dentro da estrutura DMTG SON TFET. É utilizada uma camada de óxido empilhado constituída por SiO_2 e HfO_2 para melhorar o controlo da porta e reduzir as correntes de fuga.

[52] O trabalho (Jang Woo Lee e Woo Young Choi et al., 2017) Os FETs de túnel de porta tripla encapsulados com uma camada epitaxial (EL TFETs) são propostos para diminuir o balanço sublimiar dos TFETs. Este estudo investiga como a altura da aleta de silício (Hfin) e a largura da camada epitaxial (W_{fin}) influenciam as caraterísticas de transporte dos EL TFETs. O desempenho dos TFETs Hetero-Gate-Dielectric (GHG) Gate-Normal foi investigado utilizando materiais de banda fina e variações na altura da aleta. A utilização de materiais de banda fina em TFETs GHG aumenta ainda mais a corrente de condução de 3,8 x 10^8 A/min em TFETs Si para 8,77 x 10^8 A/m em TFETs SiGe.

[53] O trabalho (Woojin Park, Amir N. Hanna et al., 2018) introduziu o Line TFET com uma lacuna de túnel de 3 nm. Isso aumenta a área total de tunelamento, levando a um aumento de sete vezes na corrente de acionamento. Ele ofereceu uma grande barreira potencial; essa barreira impede o tunelamento indesejado; reduzindo significativamente a corrente fora do estado (I_{off}). Este dispositivo apresenta uma oscilação de sublimiar significativamente reduzida de 37,2 mV/dec, indicando uma transição nítida e eficiente entre os estados ligado e desligado.

[54] O trabalho (M.Elgamal et al., 2019) focou na otimização do desempenho dos TFETs sobrepostos Gate-on-Source, alterando a função de trabalho diferencial do portão e o dielétrico de sobreposição. Esse design utilizou um contato de porta apertado, que se sobrepõe à região do canal e fornece controle preciso sobre a operação do dispositivo. A redução de t_{ox} permite um tunelamento mais eficiente e um ião mais elevado. O t reduzido$_{ox}$ diretamente nos bordos da porta, promovendo o tunelamento direto através da porta e contribuindo para o aumento de I_{on} . A utilização de dióxido de háfnio (HfO_2) como material dielétrico da porta, com a sua constante dieléctrica mais elevada, aumenta ainda mais a eficiência do tunelamento. Este modelo foi alcançado.

- Função de trabalho diferencial: -0,5 eV
- Comprimento de sobreposição: 3,1 nm.
- Rácio ON/OFF: $5,5\times10^{11}$
- SS:49,5 mV/década SS.

[55] O trabalho (S.Saurabh e M. Jagadesh Kumar, 2011) destaca a eficácia da utilização de DMG e dieléctricos de porta alta k na otimização do desempenho de TFETs de porta dupla tensos. Aqui, são utilizados metais diferentes para as portas de fonte e de dreno, e também é utilizado material dielétrico de porta de alto k para melhorar ainda mais o desempenho. A utilização combinada de DMG e de um dielétrico de alto k leva a uma melhoria dos valores de corrente e de SS.

- SS: 49,5 mV/década
- I/I_{onoff} : $5,5 \times 10^{11}$

A utilização de uma combinação de SiO_2 e HfO_2 como dielétrico de porta melhorou

- Rácio de ligar/desligar: Até $5,73 \times 10^{12}$
- Variação de sublimiar: 45,3 mV/década

Resumo e observações: Embora existam na literatura várias concepções de TFET, estas ainda não atingiram a mesma escala e desempenho que permitam que os futuros TFET electrónicos sejam completamente funcionais e prontos a construir utilizando a atual tecnologia de fabrico de silício. Mais estudos examinaram as implicações do aumento de escala para o nó tecnológico de 10 nm. Uma vez que não se sabe se a corrente ON do dispositivo será adequada para conduzir a corrente, é desejável permitir uma corrente elevada.

CAPÍTULO III

MODELAÇÃO DE DISPOSITIVOS FINFET

CAPÍTULO III
MODELAÇÃO DE DISPOSITIVOS FINFET

Neste capítulo, a introdução, construção e princípio de funcionamento do FinFET são discutidos juntamente com os desafios para melhorar as caraterísticas I-V do dispositivo. É explicado o modelo analítico do FinFET e o projeto através da ferramenta Synopsis TCAD. A modelação do FinFET através de uma abordagem analítica é também discutida. O desempenho do FinFET foi observado alterando a altura da aleta do dispositivo e mantendo todas as outras dimensões fixas, comparando finalmente os nossos resultados com os da literatura.

3.1 MOSFETs MULTI GATE

A introdução, o princípio de funcionamento e os desafios de conceção do DG-MOSFET foram analisados na secção 1.3.2. O DGMOSFET plano permite um controlo independente do canal utilizando duas portas. O estreito acoplamento entre as portas e o canal torna esta tecnologia mais escalável do que a tecnologia MOS convencional. Com base nos eléctrodos da porta, o DGMOSFET tem tipos simétricos e assimétricos. No tipo simétrico, ambos os materiais dos eléctrodos de porta são idênticos, pelo que o canal pode ser formado em ambas as superfícies. No caso da estrutura assimétrica, os materiais do elétrodo de porta são diferentes. Assim, o canal forma-se numa superfície. Existem três abordagens de fabrico diferentes para o DGMOSFET, como se mostra na Figura 3.1. Tipo I, tipo II e tipo III [56].

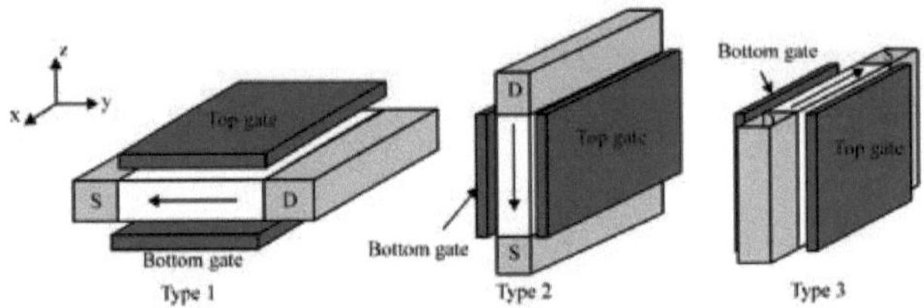

Figura 3.1: Classificações dos MOSFETs DG do tipo 1 a 3[56]

Tipo-1: O DGMOSFET é um dispositivo plano, o que significa que a fonte, o dreno e o canal se encontram num plano. As duas portas não são auto-alinhadas, são fabricadas separadamente e o seu alinhamento não é inerentemente perfeito durante o fabrico. As portas correm paralelamente ao plano do dispositivo. A corrente flui horizontalmente dentro do canal, paralelamente ao plano que contém a fonte, o dreno e o canal.

Tipo-2: É um DGMOSFET vertical não planar, o que significa que a fonte, o dreno e o canal estão empilhados verticalmente em vez de estarem num plano, e ambas as portas estão auto-alinhadas. A conceção do comprimento da porta é independente da precisão da litografia. O principal problema é a produção de um canal de Si ultrafino no substrato a granel. As portas funcionam perpendicularmente à direção fonte-dreno. Em contraste com o tipo planar, a corrente flui verticalmente através do canal de silício fino, perpendicularmente ao plano que contém a fonte, o dreno e o canal.

Tipo-3: É um FET quase planar de porta tripla. Uma aleta vertical de silício é disposta no substrato de silício, um lado da aleta vertical é dopado para formar a fonte e o outro lado é dopado para se tornar dreno. Aqui, uma porta envolve três lados da aleta, encerrando o canal, como mostra a figura 3.1. Assim, a corrente flui horizontalmente ao longo das paredes laterais do corpo e é controlada por todas as portas verticais.

3.2 FINFET

Os FinFETs são um design revolucionário de transístor que está a liderar os modernos circuitos integrados (ICs). Estes transístores 3D proporcionam um desempenho e uma eficiência energética superiores aos tradicionais dispositivos planos (planares). A introdução e os pormenores de construção do FinFET foram abordados na secção 1.3.3. A variante de tipo 3 do DGMOSFET abordada na secção 3.1 é o FinFET de porta tripla. Esta estrutura 3D minimiza as correntes de fuga e melhora o desempenho do dispositivo a escalas mais pequenas. Ao contrário dos transístores planares com canais planos, o FinFET possui uma "barbatana" vertical que actua como canal. O elétrodo de porta (feito de uma liga metálica de poli-silício-boator) envolve três lados da aleta, proporcionando um melhor controlo do fluxo de corrente. Os FinFET funcionam a tensões mais baixas em comparação com os dispositivos planos, o que resulta numa redução significativa do consumo de energia. Os FinFETs existem em várias formas, como os MuGFETs e os GAAFETs, que satisfazem necessidades específicas de desempenho em concepções avançadas de circuitos integrados [58].Os FinFETs são classificados em quatro categorias com base nos modos de funcionamento: modo de porta em curto-circuito (SG), modo de porta independente (IG), modo de baixo consumo (LP) e modo híbrido.

SG FinFET: Também conhecido como FinFET de três terminais, aqui as portas frontal e traseira estão ligadas entre si para controlar a eletrostática do canal e ligadas ao potencial comum. Normalmente, a função de trabalho (□) das portas frontal e traseira é a mesma. Se forem utilizadas funções de trabalho diferentes (□), designa-se por dispositivo assimétrico (ASGFinFET). O ASGFinFET é fabricado com dopagem selectiva das duas pilhas de portas.

IG FinFET: As duas portas estão fisicamente isoladas, pelo que se trata de um dispositivo de quatro terminais e são aplicados dois sinais ou tensões diferentes a ambas as portas. Isto permite a utilização da polarização da porta traseira para modular linearmente a V_{th} da porta frontal. Os IG FinFETs ocupam mais área devido à necessidade de colocar dois contactos de porta separados.

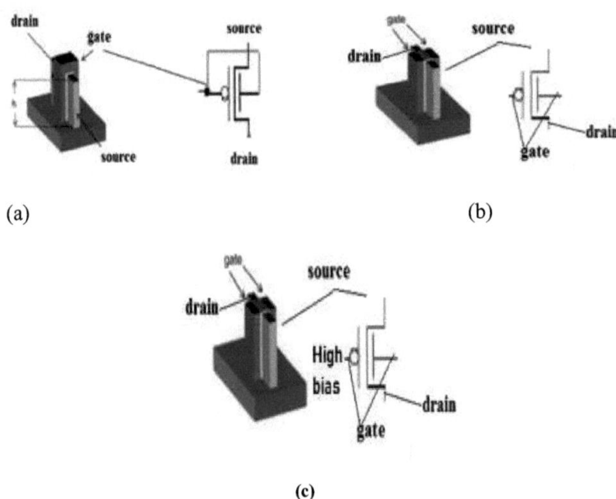

(c)

Figura 3.2: (a) FET de barbatana SG, (b) FET de barbatana IG, (c) estrutura e símbolo do FET de barbatana LP [59].

LP FinFET: A porta traseira está ligada a uma tensão de polarização inversa para reduzir a potência de fuga. **Modo híbrido (IG/LP):** Trata-se de uma combinação dos modos de baixa potência e de porta independente. Todos estes dispositivos e os respectivos símbolos são apresentados na figura 3.2. A corrente de ativação e a corrente de desativação são mais elevadas no SGFinFET do que no ASGFinFET e no IGFinFET. A corrente de desativação é menor no ASGFinFET do que no SGFinFET e no IGFinFET [59].

Com base na construção do FinFET, o FinFET tem duas estruturas diferentes, como o Bulk FinFET e o SOI FinFET, e a secção transversal 3D destes dispositivos é apresentada na figura 3.3. No FinFET em massa, a aleta de silício é montada sobre o substrato e, em seguida, a porta é enrolada em torno da aleta. H_{fin}, t_{ox}eL_g são a altura da porta, a espessura do óxido e o comprimento da porta. No SOI-FinFET, uma camada de isolamento SiO_2 é mantida entre a aleta de silício e o substrato, e o enrolamento da porta é o mesmo [60].

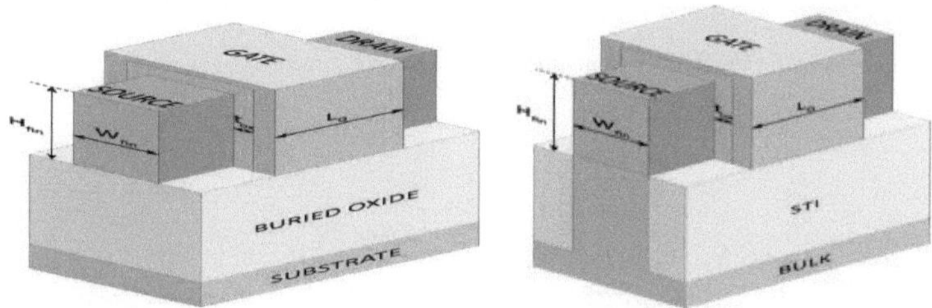

Figura 3.3: Estruturas FinFET: a) SOI FinFET b) Estrutura Bulk FinFET

O FinFET a granel tem o mesmo processo de fabrico que o MOSFET. As vantagens do dispositivo de aleta a granel são o baixo custo, a baixa densidade de defeitos, a ausência de efeito de corpo flutuante e a elevada taxa de transferência de calor para o corpo. O dispositivo SOI Fin suprime qualquer fuga da fonte para o dreno através do corpo da aleta abaixo da aleta do canal e tem baixa capacitância da fonte/dreno para o substrato [61].

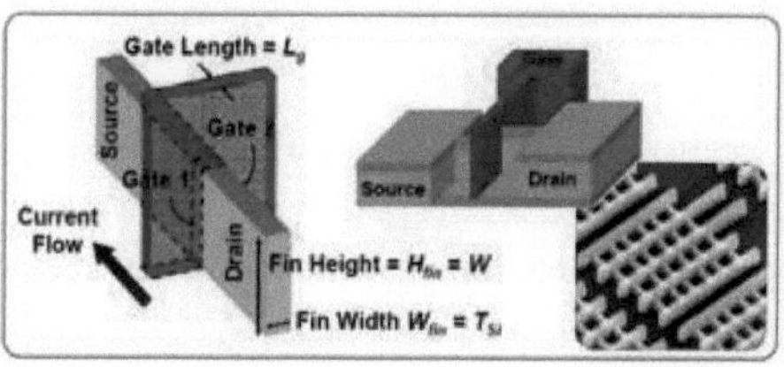

Figura 3.4: Descrição geométrica de uma FinFET.

Considere-se o FinFET apresentado na figura 3.4. A largura da aleta (W_{fin}) ou a espessura da aleta (T_{fin}) ou a espessura do silício (T_{si}) e a altura da aleta (H_{fin}). O comprimento da porta (L_g) é a distância entre a fonte e o dreno.

$$\text{O comprimento efetivo do canal, } L_{eff} = L_g + 2L_{ext} \quad (3.1)$$

$$\text{Largura efectiva do canal, } W_{min} = T_{fin} + 2H_{fin} \quad (3.2)$$

L_{ext} -região alargada de fonte ou de dreno. A condição para suprimir os SCEs é $H_{fin} > T_{si}$.

Uma vez que H_{fin} é fixo, se o desempenho do dispositivo for limitado, são utilizadas várias alhetas paralelas para aumentar a largura do canal do dispositivo. Para "n" alhetas paralelas, a largura física efectiva (W_{eff}) é a resultante da equação (3.3) das equações (3.1) e (3.2).

$$W_{eff} = nW_{Fin} = n(2H_{fin} + T_{fin}) \qquad (3.3)$$

Para regular os SCE, T_{Fin} é aproximadamente metade do L_g, portanto

$$T_{fin} = \frac{L_{Gate}}{2} \qquad (3.4)$$

No corte, $V_g < V_{th}$, $I_d = \mu \frac{W}{L} kTn_i t_{si} s^{\frac{q(V_{gs}-\Delta\Phi)}{kT}} \left(1e^{\frac{-qV_{ds}}{kT}}\right)$ (3.5)

Na região linear, $V_g > V_{th}$, $I_d = 2\mu \frac{W}{L}\left(V_{gs} - V_{th} - \frac{V_{ds}}{2}\right) V_{ds}$(3.6)

A corrente na região de saturação é$I_d = \mu C_{ox} \frac{W}{L}\left(\frac{V_{gs}-V_{th}}{2m}\right)^2$ (3.7)

Onde, $= 1 + 3\frac{t_{ox}}{x_d}$; x_d é a espessura da camada de depleção. Assim, a corrente de dreno do dispositivo planar é modificada como

$$I_D = \frac{1}{2}\mu_n \frac{\varepsilon_{ins}}{EOT} \frac{[t_{fin}+2*H_{fin}]}{[L_{gate}+2*L_{ext}]}\left(V_{gs} - V_{th}\right)^2 \qquad (3.8)$$

3.3 MODELAÇÃO DO POTENCIAL DE SUPERFÍCIE

O potencial de superfície (SP) é um conceito crucial para compreender o funcionamento dos transístores. Refere-se à diferença de tensão entre duas regiões-chave dentro do dispositivo, como a superfície do dispositivo (placa superior e material da porta) e o volume. O SP indica o quanto a tensão na superfície se desvia da tensão no interior da massa devido à influência da porta.

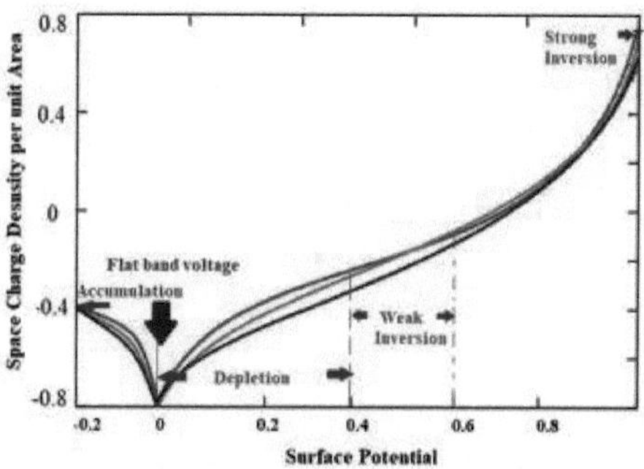

Figura 3.5: Potencial de superfície (Φ) Vs densidade de carga espacial (Qs) por área.

Este conceito desempenha um papel vital na determinação da tensão de limiar (V_{th}) de um transístor [62]. A Figura 3.5 ilustra a relação entre o potencial de superfície (Φ) e a densidade de carga espacial (Qs) normalizada pela área. A densidade de carga espacial refere-se à concentração de cargas eléctricas que se acumulam no interior do semicondutor devido à tensão aplicada. O gráfico que provavelmente descreve como as mudanças no potencial de superfície influenciam a densidade de carga espacial dentro do dispositivo está na equação (3.9).

A equação do potencial de superfície é: $\left(V_{gb} - V_{FB} - \Phi_s\right)^2 = \gamma^2 V_{th} H(u)$ (3.9)

H(u) é o quadrado normalizado do campo elétrico de superfície (Es) e $H(u) = \frac{\varepsilon_{si} E_s^2}{2qV_{th}P_b}$

Onde, V_{th} =tensão térmica $=\frac{kT}{q}$; ε_{si} = permissividade do silício, P_b = concentração global de buracos; $u = \frac{\Phi_s}{V_T}$e, Φ (s) = potencial de superfície; V_{FB} = tensão de banda plana.

Para analisar o potencial de superfície, considere a figura 3.6 e decomponha a estrutura FinFET em DG-FET simétrica (y,z) e DG-FET assimétrica (x,z). A hipótese simétrica representa a FinFET com caraterísticas eléctricas idênticas em ambos os lados (fonte e dreno) ao longo do eixo y e em toda a sua altura (eixo z). O DG-FET assimétrico representa que as propriedades eléctricas podem diferir ao longo do comprimento da aleta (eixo x) devido à presença de duas portas[63]. Isto permite um controlo mais complexo do dispositivo.

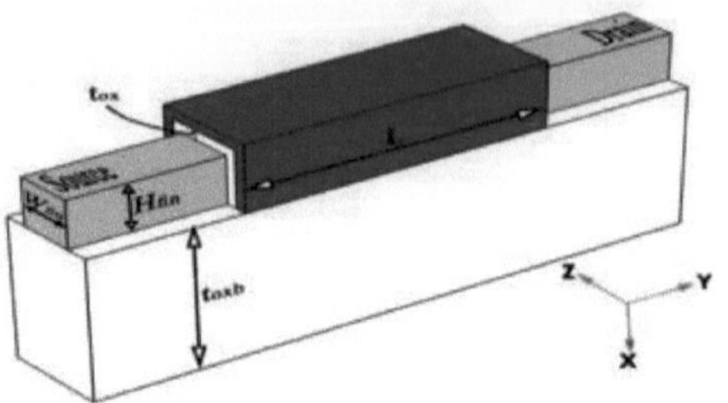

Figura 3.6: Estrutura FinFET

A distribuição de potencial 2D do DG-FET simétrico na região de inversão semanal do canal de silício é dada por

$$\frac{\partial^2 \phi(z,y)}{\partial Z^2} + \frac{\partial^2 \phi(z,y)}{\partial y^2} = \frac{qN_A}{\varepsilon_{si}}; \qquad (3.10)$$

A distribuição de potencial 2D do DG-FET assimétrico na região de inversão semanal do canal de silício é dada por

$$\frac{\partial^2 \phi(x,y)}{\partial x^2} + \frac{\partial^2 \phi(x,y)}{\partial y^2} = \frac{qN_A}{\varepsilon_{si}}; \qquad (3.11)$$

A distribuição de potencial ao longo da direção z pode ser escrita a partir do DG-FET simétrico

$$\phi\,(z,y) = C_0\,(y) + C_1\,(y)z + C_2\,(y)z^2 \qquad (3.12)$$

A distribuição de potencial ao longo da direção x pode ser escrita a partir do DG-FET assimétrico

$$\phi\,(x,y) = C_0\,(y) + C_1\,(y)x + C_2\,(y)x^2 \qquad (3.13)$$

Aqui, os coeficientes são função apenas de y. Devido à configuração simétrica, o potencial de frente = potencial de trás

$$\phi\,(0, y) = \phi\,(W_{fin}, y)$$

$$\therefore \phi_s(y) = \phi\,(0, y) = \phi\,(W_{fin}, y)$$

Aplicar a lei de Gauss e as condições de fronteira do campo elétrico na interface do canal e do óxido

$$\frac{d\phi(z,y)}{dz}\Big|_{z=0} = \frac{\varepsilon_{ox}}{\varepsilon_{si}}\left\{\frac{\phi_s(y)-V_g'}{t_{ox}}\right\} \qquad (3.14)$$

$$\frac{d\phi(z,y)}{dz}\Big|_{z=W_{fin}} = \frac{\varepsilon_{ox}}{\varepsilon_{si}}\left\{\frac{V_g'-\phi_s(y)}{t_{ox}}\right\} \qquad (3.15)$$

Onde $V_g' = V_g - V_{fb}$;$V_{fb} = \phi_{ms} - \left(\frac{kT}{q}\right)\ln(N_A/kT)$, V_{fb} -tensão de banda plana, ϕ_{ms} - diferença de função de trabalho metal-semicondutor, V_t =(KT/q)), V_g - tensão nas portas frontal e traseira da estrutura simétrica, t_{ox} é a espessura do óxido e ε_{ox} - permissividade do isolante.

Mantendo z=0 na equação (3.12), então seria ϕ (0,y) = C_0 (y)

$$\therefore \phi_s(y) = C0$$

Diferencie a equação (3.12) em relação a z e obterá $\frac{d\phi}{dz}$ =C_1 + 2C_2 z (3.16)

Primeira condição de fronteira na equação (3.14)& z=0 substituir na equação (3.16) para obter o coeficiente C_1

$$C_1 = \left(\frac{\varepsilon_{ox}}{\varepsilon_{si}}\right)\left(\frac{\phi_s(y) - V_g'}{t_{ox}}\right)$$

2nd condição de fronteira na equação (3.15) & C_1 substituir na equação (3.16) para obter C_2

$$C_2 = \left(\frac{\varepsilon_{ox}}{\varepsilon_{si}}\right)\left(\frac{V_g' - \phi_s(y}{t_{ox}W_{fin}}\right)$$

substituir os três coeficientes na equação (3.12), então

$$\phi\,(z,y) = \phi_s + \left\{\left(\frac{\varepsilon_{ox}}{\varepsilon_{si}}\right)\left(\frac{\phi_s(y) - V_g'}{t_{ox}}\right)z\right\} + \left\{\left(\frac{\varepsilon_{ox}}{\varepsilon_{si}}\right)\left(\frac{V_g' - \phi_s(y}{t_{ox}W_{fin}}\right)\right\}z^2 \quad (3.17)$$

A equação 3.17 pode ser escrita da seguinte forma

$$\phi\,(z,y) = \phi_s(y) + \{A\phi_s(y) + B\} + \{C\phi_s(y) + D\}z^2 (3.18)$$

em que, $A = \frac{\varepsilon_{ox}}{\varepsilon_{si}t_{ox}}$; $B = -\left(\frac{\varepsilon_{ox}V_g'}{\varepsilon_{si}t_{ox}}\right)$; $C = -\left(\frac{\varepsilon_{ox}}{W_{fin}\varepsilon_{si}t_{ox}}\right)$; $D = \left(\frac{\varepsilon_{ox}V_g'}{W_{fin}\varepsilon_{si}t_{ox}}\right)$

diferencie a equação (3.18) duas vezes em relação a z, e obtenha

$$\frac{\partial^2\phi(z,y)}{\partial z^2} = 2(C\phi_s(y) + D) \quad (3.19)$$

Do mesmo modo, diferencie duas vezes a equação (3.18) em relação a y e obtenha

$$\frac{\partial^2\phi(z,y)}{\partial y^2} = (1 + Az + Cz^2)\left(\frac{d^2\phi_s}{dy^2}\right) \quad (3.20)$$

Substituindo agora a equação (3.19) e a equação (3.20) na equação (3.10), obtém-se

$$(1 + Az + Cz^2)\left(\frac{d^2\phi_s}{dy^2}\right) + 2(C\phi_s(y) + D) = E(3.21)$$

Em que E= $\frac{qN_A}{\varepsilon_{si}}$&a equação (3.21) pode ser escrita como

$$\frac{d^2\phi_s}{dy^2} - \left(\frac{2C}{1 + Az + Cz^2}\right)\phi_s = \left(\frac{E}{1 + Az + Cz^2}\right) - \left(\frac{2D}{1 + Az + Cz^2}\right)$$

De uma forma simples $\frac{d^2\phi_s}{\partial y^2} - \alpha\phi_s = \beta$ (3.22)

Onde $\alpha = -\{2C/(1 + Az + Cz^2)\} = \frac{2\varepsilon_{ox}}{(W_{fin}t_{ox}\varepsilon_{si}+\varepsilon_{ox}W_{fin}z-\varepsilon_{ox}z^2)}$

Da mesma forma, $\beta = \left(\frac{E}{1+Az+Cz^2}\right) - \left(\frac{2D}{1+Az+Cz^2}\right) = \frac{qN_AW_{fin}t_{ox}-2\varepsilon_{ox}V_g'}{(W_{fin}t_{ox}\varepsilon_{si}+\varepsilon_{ox}W_{fin}z-\varepsilon_{ox}z^2)}$

Suponhamos que $\phi_s(y) = e^{my}$e, portanto

$$\frac{d^2\phi_s}{dy^2} = m^2e^{my} \quad (3.23)$$

A equação auxiliar da equação acima será $(m^2 - \alpha)e^{my} = 0$

Como $e^{my} \neq 0, \Rightarrow m = \pm\sqrt{\alpha}$

A solução complementar da equação (3.23) é $\phi_s = B_1e^{y\sqrt{\alpha}} + B_2e^{-y\sqrt{\alpha}}$

A integração particular da equação (3.23) é $\phi_s(y) = \frac{\beta}{D^2-\alpha} = -\frac{\beta}{\alpha}\left(1 + \frac{D^2}{\alpha} + \cdots.\right) = -\frac{\beta}{\alpha}$

Por conseguinte, a solução completa = CS+PI

$$\phi_s(y) = B_1\left(e^{y\sqrt{\alpha}}\right) + B_2\left(e^{-y\sqrt{\alpha}}\right) - \frac{\beta}{\alpha} \quad (3.24)$$

Utilizando a condição de fronteira como ϕ $=V_{sbi}$ na extremidade da fonte (y=0), então o CS torna-se

$$B_1 + B_2 = V_{bi} + \frac{\beta}{\alpha} = AA_1 \quad (3.25)$$

Utilizando a condição de fronteira, Φ =V $+V_{sbid}$ na extremidade do dreno (y=L), o CS torna-se

$$V_{bi} + V_d = B_1e^{L\sqrt{\alpha}} + B_2e^{-L\sqrt{\alpha}} - \frac{\beta}{\alpha}$$

A equação acima pode ser escrita como $pB_1 + pB_2 = B_3$; em y=L (3.26)

Onde, $AA_1 = V_{bi} + \frac{\beta}{\alpha}, B_3 = V_{bi} + V_d + \frac{\beta}{\alpha}$; $p=e^{L\sqrt{\alpha}}$ e $q_1 = e^{-L\sqrt{\alpha}}$

Da equação (3.25), $B_1 = AA_1 - B_2$ e subtrair o valor de B_1 na equação (3.26) para obter B .2

$$B_2 = \left(\frac{1}{1 - e^{2L\sqrt{\alpha}}}\right)\left\{e^{L\sqrt{\alpha}}\left(V_{bi} + V_d + \frac{\beta}{\alpha}\right) - e^{-2L\sqrt{\alpha}}\left(V_{bi} + \frac{\beta}{\alpha}\right)\right\}$$

$$B_1 = \left(\frac{1}{1 - e^{2L\sqrt{\alpha}}}\right)\left\{\left(V_{bi} + \frac{\beta}{\alpha}\right) - e^{-L\sqrt{\alpha}}\left(V_{bi} + V_d + \frac{\beta}{\alpha}\right)\right\}$$

Substituindo B1 &B2 na equação (3.24), obtém-se

$$\phi_s(y) = \frac{1}{e^{2L\sqrt{\alpha}} - 1}\left\{\left(V_{bi} + V_d + \frac{\beta}{\alpha}\right)\left(e^{(L+y)\sqrt{\alpha}} - e^{(L-y)\sqrt{\alpha}}\right) + \left(V_{bi} + \frac{\beta}{\alpha}\right)\left(e^{(2L-y)\sqrt{\alpha}} - e^{y\sqrt{\alpha}}\right) - \frac{\beta}{\alpha}\left(e^{2L\sqrt{\alpha}} - 1\right)\right\}$$

Aqui, V_d = tensão de drenagem.

$$\text{Vamos, } \lambda_1 = \frac{1}{\sqrt{\alpha}} = \sqrt{\frac{(W_{fin}t_{ox}\varepsilon_{si} + \varepsilon_{ox}W_{fin}z - \varepsilon_{ox}z^2)}{2\varepsilon_{ox}}}$$

$$\text{Em z=0, } \lambda_1 = \sqrt{\frac{(W_{fin}t_{ox}\varepsilon_{si})}{2\varepsilon_{ox}}}$$

Portanto, o potencial de superfície em z=0 será $\phi_s(0,y)=\phi_s(y)$.

$$\phi_s(y) = \frac{1}{e^{2L/\lambda_1 - 1}}\left\{\begin{matrix}(V_{bi} + V_d - A_1)\left(e^{\frac{(L+y)}{\lambda_1}} - e^{\frac{(L-y)}{\lambda_1}}\right) + (V_{bi} - A_1) \\ \left(e^{(2L-y)/\lambda_1} - e^{y/\lambda_1}\right)\} + A_1\left(e^{2L/\lambda_1} - 1\right)\end{matrix}\right\} \quad (3.27)$$

O valor de A_1 pode ser medido com a equação (3.28)

$$A_1 = \left\{\frac{(qN_AW_{fin}t_{ox} - 2V_g'\varepsilon_{ox})(W_{fin}t_{ox}\varepsilon_{si} + \varepsilon_{ox}W_{fin}z - \varepsilon_{ox}z^2)}{2\varepsilon_{ox}(W_{fin}t_{ox}\varepsilon_{si} + \varepsilon_{ox}W_{fin}z - \varepsilon_{ox}z^2)}\right\} \quad (3.28)$$

Assim, a partir da equação (3.27), a variação do potencial de superfície em função de z é escrita como na equação (3.29)

$$\phi_s(z,y) = \frac{1}{e^{2L/\lambda_{sym} - 1}}\left\{\left(V_{bi} + V_d - A_{sym}\right)\left(e^{\frac{(L+y)}{\lambda_{sym}}} - e^{\frac{(L-y)}{\lambda_{sym}}}\right) + \right.$$

$$\left.\left(V_{bi} - A_{sym}\right)\left(e^{(2L-y)/\lambda_{sym}} - e^{y/\lambda_{sym}}\right)\} + A_{sym}\left(e^{2L/\lambda_{sym}} - 1\right)\right\} \quad (3.29)$$

Onde, $A_{sym} = -\left\{V_g' - \left\{\left(\frac{qN_A}{2\varepsilon_{ox}\varepsilon_{si}}\right)\{\varepsilon_{si}W_{fin}t_{ox} + \varepsilon_{ox}(W_{fin} - z)z\}\right\}\right\}$ e

$$\lambda_{sym} = \left\{\left(\frac{\varepsilon_{si}W_{fin}t_{ox}}{2\varepsilon_{ox}}\right)\left(1 + \left(\frac{\varepsilon_{ox}}{\varepsilon_{si}t_{ox}}\right)z - \left(\frac{\varepsilon_{ox}}{\varepsilon_{si}W_{fin}t_{ox}}\right)z^2\right)\right\}^{1/2}$$

No caso de um DG-FET assimétrico, os potenciais da porta frontal ou superior e da porta traseira ou inferior são diferentes um do outro.

Seja, $\phi(x,y)=\phi(0,y)=\phi_{sf}(y)$ é o potencial no portão frontal

e $\phi(x,y)=\phi(H_{fin},y)=\phi_{sb}(y)$ é o potencial na porta traseira.

Depois, utilizando as condições de fronteira, podemos escrever,

$$\frac{d\Phi(x,y)}{dx}\Big| x = 0 = \left(\frac{\varepsilon_{ox}}{\varepsilon_{si}}\right)\left\{\frac{\Phi_{sf}(y)-V_g'}{t_{ox}}\right\}$$

$$\frac{d\Phi(x,y)}{dx}\Big| x = \text{Hfin} = \left(\frac{\varepsilon_{ox}}{\varepsilon_{si}}\right)\left\{\frac{V_{sub}-\Phi_{sb}(y)}{t_{oxb}}\right\}$$

Substituindo a condição de fronteira x=0 na equação (3.13), obtém-se o coeficiente C_0

$$\phi(0,y) = \Phi_{sf}(y) = C_0$$

Diferenciando a equação (3.13) e substituindo as condições de fronteira, os coeficientes C_1 eC_2 podem ser encontrados.

$$\frac{d\Phi(x,y)}{dx} = C_1 + 2C_2x$$

$$\text{Em x=0, } C_1 = \left(\frac{\varepsilon_{ox}}{\varepsilon_{si}}\right)\left(\frac{\Phi_{sf}(y)-V_g'}{t_{ox}}\right) = F\Phi_{sf}(y) - G$$

$$\text{Em que, F=} \frac{\varepsilon_{ox}}{\varepsilon_{si}t_{ox}} \& G = \frac{\varepsilon_{ox}V_g'}{\varepsilon_{si}t_{ox}}$$

Do mesmo modo, em x=H $_{,\text{fin}}$ $C_2 = \left(\frac{1}{2H_{fin}}\right)\{(H + G) - I\Phi_{sb}(y) - F\Phi_{sf}(y)\}$ e onde

H= $\frac{\varepsilon_{ox}V_{sub}}{\varepsilon_{si}t_{oxb}}$& I=$\frac{\varepsilon_{ox}}{\varepsilon_{si}t_{oxb}}$

Em x=H_{fin},$\Phi(x,y) = \Phi(H_{fin},y)$=$\Phi_{sb}(y)$a equação (3.13) passa a ser

$$\Phi_{sb} = C_0 + C_1H_{\text{fin}} + C_2H_{\text{fin}}^2$$

Isto pode ser escrito como $\Phi_{sb} = K_1\Phi_{sf}$ +M. Onde,$K_1 = \frac{2+FH_{fin}}{2+IH_{fin}}$& M=$\frac{H_{fin}(H-G)}{2+IH_{fin}}$

Derivando duas vezes a equação (3.13) em relação a x e y, a equação (3.11) pode ser escrita como

utilizando a equação de Poisson será,

$$\frac{\partial^2\Phi_{sf}}{\partial y^2} - \frac{(F+IK_1)}{UH_{fin}}\Phi_{sf} = \frac{qN_A}{\varepsilon_{si}U} - \frac{(H+G)}{UH_{fin}} + \frac{IM}{UH_{fin}} \quad (3.30)$$

Onde, $U = 1 + Fx - \frac{Fx^2}{2H_{fin}} - \frac{IK_1x^2}{UH_{fin}}$

Let,$\delta = \frac{F+IK_1}{UH_{fin}}$&$\theta = \frac{qN_A}{\varepsilon_{si}U} - \frac{(H+G)}{UH_{fin}} + \frac{IM}{UH_{fin}}$

Substituindo o valor de K_1 ,U,F,I,H,G e M emδ e θas equações tornam-se as seguintes

$$\delta = \frac{2\varepsilon_{ox}\{\varepsilon_{si}(t_{ox}+t_{oxb})+\varepsilon_{ox}H_{fin}\}}{2\varepsilon_{ox}^2t_{ox}H_{fin}t_{oxb}+\varepsilon_{ox}^2H_{fin}(H_{fin}-x)x+\varepsilon_{ox}\varepsilon_{si}\{t_{oxb}(2H_{fin}-x)x+t_{ox}(H_{fin}^2-x^2)\}}$$

$$\theta = \frac{2\left(\frac{qN_A}{\varepsilon_{si}}\right)H_{fin} + \left(\frac{qN_A}{\varepsilon_{si}}\right)H_{fin}^2\left(\frac{\varepsilon_{ox}}{\varepsilon_{si}t_{oxb}}\right) - 2\left(\frac{\varepsilon_{ox}V_{sub}}{\varepsilon_{si}t_{oxb}}\right) - 2\left(\frac{\varepsilon_{ox}V_g'}{\varepsilon_{si}t_{ox}}\right) - 2H_{fin}\left(\frac{\varepsilon_{ox}V_g'}{\varepsilon_{si}t_{ox}}\right)\left(\frac{\varepsilon_{ox}}{\varepsilon_{si}t_{oxb}}\right)}{2H_{fin} + H_{fin}^2\left(\frac{\varepsilon_{ox}}{\varepsilon_{si}t_{oxb}}\right) + 2\left(\frac{\varepsilon_{ox}}{\varepsilon_{si}t_{ox}}\right)H_{fin}x + H_{fin}^2\left(\frac{\varepsilon_{ox}^2}{\varepsilon_{si}t_{ox}t_{oxb}}\right)x - \left(\frac{\varepsilon_{ox}}{\varepsilon_{si}t_{oxb}}\right)x^2 - \left(\frac{\varepsilon_{ox}^2}{\varepsilon_{si}^2t_{ox}^2}\right)H_{fin}x^2 - \left(\frac{\varepsilon_{ox}}{\varepsilon_{si}t_{ox}}\right)x^2}$$

Para simplificar, a equação (3.30) pode ser representada pela equação (3.31).

$$\frac{\mathrm{d}^2\phi_{sf}}{\mathrm{d}y^2} - \delta\phi_{sf} = \theta \qquad (3.31)$$

Isto é semelhante à equação (3.22); assim, a solução completa tem duas partes, a solução complementar e a integração particular. Assim, a solução completa é dada a seguir.

$$\phi_{sf}(y) = J_1\left(e^{y\sqrt{\delta}}\right) + J_2\left(e^{-y\sqrt{\delta}}\right) - \frac{\theta}{\delta} \qquad (3.32)$$

$$\delta = \frac{2(2I + FIH_{fin} + 2F + FIH_{fin})}{\left(4H_{fin} + 2H_{fin}^2 I\right)(1 + Fx) - Fx^2(2 + H_{fin}I) - Ix^2(2 + FH_{fin})}$$

$$\theta = \frac{-\varepsilon_{ox}H_{fin}(2\varepsilon_{ox}V_g' - R) - 2\varepsilon_{si}\{\varepsilon_{ox}(t_{oxb}V_g' + t_{ox}V_{sub}) - Rt_{oxb}\}}{S + \varepsilon_{ox}^2 H_{fin}(H_{fin} - x)x + \varepsilon_{ox}\varepsilon_{si}\left\{t_{oxb}(2H_{fin} - x)x + t_{ox}\left(H_{fin}^2 - x^2\right)\right\}}$$

Usando as condições de fronteira, as constantes J_1 e J_2 podem ser encontradas. Depois disso, o potencial de superfície do DG-FinFET assimétrico ao longo do canal pode ser escrito como.

$$\phi_{sf}(y) = \frac{1}{e^{2L\sqrt{\delta}} - 1}\left\{\left(V_{bi} + V_d + \frac{\theta}{\delta}\right)\left(e^{(L+y)\sqrt{\delta}} - e^{(L-y)\sqrt{\delta}}\right) + \left(V_{bi} + \frac{\theta}{\delta}\right)\left(e^{(2L-y)\sqrt{\delta}} - e^{y\sqrt{\delta}}\right) - \frac{\theta}{\delta}\left(e^{2L\sqrt{\delta}} - 1\right)\right\} \qquad (3.33)$$

Para determinar a variação do potencial de superfície ao longo do silício, colocar $x = H_{fin}/n$, C_0, C & C_{12} na equação (3.13), obtendo-se

$$\phi_x = \phi_{sf} + x\left(\frac{\varepsilon_{ox}}{\varepsilon_{si}}\right)\left(\frac{\phi_{sf} - V_g'}{t_{ox}}\right) + \left(\frac{x^2}{2H_{fin}}\right)\{(H + G) - I\phi_{sb} - F\phi_{sf}\} \qquad (3.34)$$

Sabemos que $\phi_{sb} = K_1\phi_{sf} + M$ e a equação atual (3.34) pode ser $\phi_x = \phi_{sf}k_{asym} - v_{asym}$

Onde, $\phi_{sf} = \frac{\phi_x}{k_{asym}} + \frac{v_{asym}}{k_{asym}}$ & $k_{asym} = 1 + x\left(\frac{\varepsilon_{ox}}{\varepsilon_{si}t_{ox}}\right) - IK_1\left(\frac{x^2}{2H_{fin}}\right) - F\left(\frac{x^2}{2H_{fin}}\right)$

Mantendo $x = H/n_{fin}$

$$k_{asym} = 1 + \left(\frac{H_{fin}}{n}\right)\left(\frac{\varepsilon_{ox}}{\varepsilon_{si}t_{ox}}\right) - \frac{H_{fin}}{2n^2}(IK_1 + F) \;\&\; v_{asym} = \left\{\frac{H_{fin}}{n}\left(\frac{\varepsilon_{ox}}{\varepsilon_{si}t_{ox}}\right)V_g' - \frac{H_{fin}}{2n^2}\{(H + G) - IM\}\right\}$$

A equação (3.31) pode então ser escrita da seguinte forma

$$\frac{\partial^2\varphi_x}{\partial y^2} - \delta\varphi_x = k_{asym}\theta + \delta v_{asym} = \theta'$$

Agora, se colocarmos o valor de todas as constantes e n=Hfin/x, obteremos o valor de θ' e, finalmente, obteremos

$$A_{asym} = \frac{\theta'}{\delta} = \frac{\varepsilon_{si}(\varepsilon_{ox}t_{ox}t_{oxb}V_g' + \varepsilon_{si}t_{ox}V_{sub}' - qN_A t_{ox}t_{oxb}H_{fin})}{\varepsilon_{ox}\{\varepsilon_{si}(t_{ox}+t_{oxb})+\varepsilon_{ox}H_{fin}\}} - \frac{qN_A\varepsilon_{ox}H_{fin}x(H_{fin}-x)}{2\varepsilon_{si}\{\varepsilon_{si}(t_{ox}+t_{oxb})+\varepsilon_{ox}H_{fin}\}} + \frac{2\varepsilon_{ox}H_{fin}V_g' - 2\varepsilon_{ox}x(V_g'-V_{sub}') - qN_A t_{oxb}x(2H_{fin}-x) - qN_A t_{ox}(H_{fin}^2-x^2)}{2\{\varepsilon_{si}(t_{ox}+t_{oxb})+\varepsilon_{ox}H_{fin}\}}$$

$$\lambda_{asym} = \sqrt{\frac{1}{\delta}} = \sqrt{\frac{2\varepsilon_{si}^2 t_{ox}t_{oxb}H_{fin} + \varepsilon_{si}^2 H_{fin}(H_{fin}-x) + \varepsilon_{ox}\varepsilon_{si}\{t_{oxb}(2H_{fin}-x)x + t_{ox}(H_{fin}^2-x^2)\}}{2\varepsilon_{ox}\{\varepsilon_{si}(t_{ox}+t_{oxb})+\varepsilon_{ox}H_{fin}\}}}$$

Agora a equação (3.33) pode ser escrita como equação (3.35)

$$\phi(x,y) = \frac{1}{e^{2L/\lambda_{asym}}-1}\left\{\begin{matrix}(V_{bi}+V_d+A_{asym})\left(e^{\frac{(L+y)}{\lambda_{asym}}} - e^{\frac{(L-y)}{\lambda_{asym}}}\right) + \\ (V_{bi}-A_{asym})\left(e^{(2L-y)/\lambda_{asym}} - e^{y/\lambda_{asym}}\right) + A_{asym}\left(e^{2L/\lambda_{asym}}-1\right)\end{matrix}\right\} \quad (3.35)$$

Por conseguinte, o potencial de superfície do FinFET é dado pelo método da soma ponderada do perímetro, como indicado a seguir.

$$\phi(x,y,z) = \phi_{asym}(x,y)\left\{\frac{W_{fin}}{W_{fin}+2H_{fin}}\right\} + \phi_{sym}(y,z)\left\{\frac{2H_{fin}}{W_{fin}+2H_{fin}}\right\} \quad (3.36)$$

Onde, os pesos são $\frac{W_{fin}}{W_{fin}+2H_{fin}}$ & $\frac{2H_{fin}}{W_{fin}+2H_{fin}}$

O comprimento físico da porta circundante é inferior ao comprimento físico da DG FET, pelo que os comprimentos físicos modificados da FinFET serão

$$\lambda_{sym} = \sqrt{\left(\frac{\varepsilon_{si}W_{fin}t_{ox}}{4}\right)\left\{1 + \left(\frac{\varepsilon_{ox}z}{\varepsilon_{si}t_{ox}}\right) - \left(\frac{\varepsilon_{ox}z^2}{\varepsilon_{si}W_{fin}t_{ox}}\right)\right\}}$$

$$\lambda_{asym} = \left\{\left(\frac{\varepsilon_{si}H_{fin}t_{ox}}{4\varepsilon_{ox}}\right)\left\{\frac{2\varepsilon_{si}t_{oxb} + \varepsilon_{ox}H_{fin}}{\varepsilon_{si}(t_{ox}+t_{oxb}) + \varepsilon_{ox}H_{fin}} + \left(\frac{x\varepsilon_{ox}}{\varepsilon_{si}t_{ox}}\right)\left\{\frac{(2\varepsilon_{si}t_{oxb} + \varepsilon_{ox}H_{fin})}{\varepsilon_{si}(t_{ox}+t_{oxb}) + \varepsilon_{ox}H_{fin}}\right\} - \left(\frac{\varepsilon_{ox}x^2}{\varepsilon_{si}t_{ox}H_{fin}}\right)\right\}\right\}^{\frac{1}{2}}$$

O método da carga de inversão é agora utilizado para determinar a tensão de limiar. Aqui, a carga de inversão mínima para ligar o dispositivo é considerada como Q_{inv} e a tensão de porta na qual Q $=Q_{invth}$ é conhecida como tensão de limiar e é medida através do seguinte método. A carga de inversão (Q_{th_fin}) é utilizado para encontrar V_{th} como na equação (3.37)

$$V_{th} = V_{FB} - \frac{A(V_{bi}+V_d)+BV_{bi}}{1+(A+B)} + \frac{V_T}{1-(A+B)}\ln\left(\frac{Q_{th\_fin}}{n_i W_{fin} H_{fin}}\right) \quad (3.37)$$

Onde, A e B são constantes; V_{bi} = potencial incorporado; n_i = concentração interna de portadores.

Quando a largura da aleta (W_{fin}) é inferior a 10 nm, entra em jogo um fenómeno interessante denominado confinamento estrutural. Este fenómeno ocorre devido à proximidade da camada de óxido de porta com o canal dentro da aleta. Assim, os electrões no interior do canal começam a "sentir" mais intensamente a presença da camada de óxido de porta. Este confinamento restringe o movimento dos electrões na direção perpendicular à largura da aleta, o que tem consequências significativas para o funcionamento do FinFET. Para ultrapassar este confinamento e ligar o dispositivo (atingir a tensão de limiar), é necessária uma tensão de porta mais elevada em comparação com uma aleta mais larga. A tensão de limiar incremental (ΔV_{th}) causada por este confinamento estrutural é dada pela equação (3.38).

$$\Delta V_{th\_Q} = \frac{C}{2qm^*}\left[\frac{h}{2W_{fin}}\right]^2 \quad (3.38)$$

Onde, C -constante=2, m* - massa efectiva do eletrão na direção de confinamento, h- constante de flanco, q é a carga do eletrão.

Os FinFET com alhetas muito finas apresentam fenómenos de mecânica quântica que influenciam o seu comportamento. Um desses efeitos está relacionado com a espessura efectiva do óxido (EOT), um parâmetro crítico para o desempenho do transístor. Tradicionalmente, a EOT é calculada com base na espessura física da camada de óxido da porta. No entanto, em FinFET com larguras de aleta inferiores a 10 nm, entra em jogo um efeito mecânico quântico. A distribuição de electrões no canal apresenta um pico localizado a cerca de 0,3-0,4 nm da interface óxido de silício. Este pico surge devido ao confinamento dos electrões no interior da aleta estreita. Uma vez que o pico representa uma maior concentração de electrões, comporta-se efetivamente como uma porta virtual mais próxima do canal. Isto, por sua vez, faz com que pareça que o óxido da porta é mais espesso do que a sua dimensão física real. Isto é calculado com a equação (3.39).

$$t_{ox\_QM} = t_{ox} + k\frac{\varepsilon_{ox}}{\varepsilon_{si}} \tag{3.39}$$

Onde,k:- constante; t_{ox}espessura do óxido; ε_{ox}:-permissividade do óxido.

Uma vez que V_{th} aumenta com o aumento de t_{ox} , o V $total_{th}$ é representado por todos estes efeitos, como na equação (3.40).

$$V_{th\_tot} = V_{th0} + \Delta V_{th\_Q} + \Delta V_{th\_tox} \tag{3.40}$$

Para obter a corrente de dreno, V_{th} é substituído por $V_{th\_tot.}$ modificado e considera-se a densidade de carga da folha q, o seu valor no dreno é q_d e na fonte é q_s na equação (3.41).

$$q = \left\{\frac{1}{2A_2}\text{Lambert W}\right\} X \left\{e^{\frac{V_{gs}-V_{th\_tot}-V_l}{2V_{th}}}\right\}\left\{\frac{e^{\frac{V_{gs}-V_{th\_tot}-V_l}{2\eta V_{th}}}}{D+e^{\frac{V_{gs}-V_{th\_tot}}{2V_{th}}}}\right\} \tag{3.41}$$

Onde, $D = \frac{4e^{\frac{V_{th\_tot}-V_{FB}}{n}}}{e^{n*}}$, n-fator de normalização=1V& n*-constante ~3V, V_l =0V na fonte.

Os FinFET com canais mais curtos podem ser afectados por um fenómeno designado por Modulação do Comprimento do Canal (CLM). A CLM refere-se à alteração do comprimento efetivo do canal de um FinFET (L_{eff}) devido à influência da tensão de dreno (V_{ds}). À medida que a tensão de drenagem aumenta, exerce um campo elétrico mais forte em direção à fonte. O conceito de redução do comprimento do canal (ΔL) representa a diminuição do comprimento utilizável do canal devido à CLM. O comprimento efetivo real do canal (L_{eff}) é então expresso como o comprimento original do canal (L) menos esta retração (ΔL). Utiliza-se a equação de ΔL e os seus parâmetros para encontrar as equações de (3.42) a (3.46).

$$\Delta L = \lambda_{eff} \ln\left\{\frac{[V_{def}-(V_{gs}-V_{th\_tot})]}{\lambda_{eff}\,E} + 1\right\} \tag{3.42}$$

$$\text{Comprimento natural efetivo,}\lambda_{eff} = \lambda_{sym} + \lambda_{asym} = \lambda_{eff} = \frac{2\lambda_{sym}\lambda_{asym}}{\sqrt{(4\lambda_{asym}^2 + \lambda_{sym}^2)}} \tag{3.43}$$

Onde,

λ_{sym}Comprimento natural do MOSFET DG assimétrico

λ_{asym} Comprimento natural de um MOSFET DG assimétrico

V_{def} :-potencial de dreno efetivo introduzido para eliminar a descontinuidade que surge em V =V =V .dsgsth

$$V_{def} = (V_{gs} - V_{th\_tot}) + [(1 + V_{ds}) - (V_{gs} - V_{th\_tot})]\left[1 - \frac{2e^{-j}}{e^{j}+e^{-j}}\right] \quad (3.44)$$

Onde, $j = \left[\frac{V_{ds}}{1+V_{gs}-V_{th\_tot}}\right]^2$

E é o campo elétrico na região de pinch-off e é dado por

$$E = \sqrt{\left(\frac{V_{def}-(V_{gs}-V_{th\_tot})}{\lambda_{eff}}\right)^2 + \left(\frac{v_{sat}}{\mu_{low}}\right)^2} \quad (3.45)$$

Onde, v_{sat} velocidade de saturação=10^5 m/seg, μ_{low} :-mobilidade eletrónica de campo inferior

Com a densidade de carga de inversão normalizada, a mobilidade do portador é modificada e é dada como

$$\mu_{mod} = \frac{\mu_{low}}{1+\mu_{lin}\left(1+\frac{\mu_{low}V_d}{v_{sat}L_{eff}}\right)+\left(\frac{\mu_{low}2W_{eff}\varepsilon_{ox}R}{L_{eff}t_{ox}}\right)q_s V_T} \quad (3.46)$$

μ_{lin} é o coeficiente de atenuação da mobilidade linear e 'R' é a resistência em série.

A corrente de drenagem do FinFET é $I_D = (2V_T)^2\mu_{mod}W_{eff}\left(\frac{\varepsilon_{ox}}{t_{ox}}\right)\left[\frac{1}{2L_{eff}}(q_s^2 - q_d^2) + \frac{1}{L}(q_s - q_d)\right]$ (3.47)

Para N $=10_D^{26}$ / m N^3, $_A$ =1,45x10^{16} / m^3, tox= 1nm,W $=H_{finfin}$ /2, m^* =0,7L, Vsat=velocidade de saturação ≈ 10^{15} m/seg e μ_{low} = 200x10 m^{-42} /V.seg.

A Figura 3.7 mostra um gráfico que representa o potencial de superfície (SP) em função do comprimento do canal para diferentes larguras de aletas em FinFET. O texto destaca várias observações importantes deste gráfico e de outros pontos relacionados:

- O gráfico revela que à medida que a largura das alhetas aumenta, as curvas de potencial de superfície deslocam-se para cima. Isto indica que as alhetas mais largas apresentam geralmente valores de potencial de superfície mais elevados.
- A diferença no comportamento do potencial de superfície entre FinFETs que utilizam HfO_2 e SiO_2 como materiais de óxido de porta. Isto sugere que o HfO_2 oferece um perfil de potencial de superfície mais plano num determinado

intervalo de comprimento de canal. Isto traduz-se numa menor variação do potencial de superfície em comparação com o SiO .2

- Os dispositivos HfO_2 registam uma menor variação na tensão de limiar (V_{th}) em comparação com os dispositivos SiO_2 . Este facto está provavelmente relacionado com o perfil de potencial de superfície mais plano observado nos FinFETs de HfO_2 .

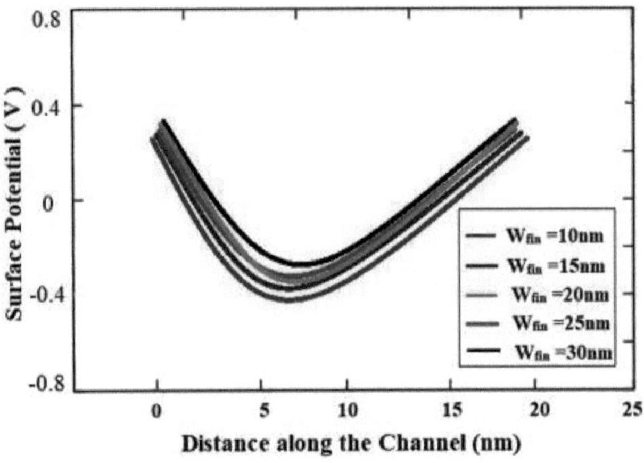

Figura 3.7: SP Vs Comprimento do canal à medida que W_{fin} aumenta.

- O potencial de drenagem (V_{ds}) tem uma influência positiva no potencial de superfície. À medida que V_{ds} aumenta, o potencial de superfície também aumenta.
- Ganho do dispositivo=$\frac{I_{on}}{I_{off}} = \frac{10^{-5}}{10^{-7}} = 10^2$

Nos SCD, a caraterística I-V do MOSFET degrada-se, V_{th} e SS degradam-se. Entende-se que não é possível desligar facilmente o dispositivo diminuindo V_{gs} . A sensibilidade de SS, V_{th} é maior com as variações do potencial de porta. Idealmente, o potencial de canal é controlado pelo potencial de porta (V_{gs}) e pela capacitância de porta (C_g), mas na prática é influenciado pelo potencial de dreno (V_{ds}) e pela capacitância de depleção (C_d).

Nos LCDS, $C_d < C_g$ e V_{ds} não interfere com V_{gs} . À medida que o comprimento da porta (L_g) diminui, o C_d aumenta e a porta perde o controlo sobre o canal. Assim, nos SCD, o dispositivo pode ligar-se apenas por V_{ds} sem V_{gs} . A solução é aumentar o Cg reduzindo t_{ox} proporcionalmente a L_g. . O aumento do comprimento da porta é limitado pelo caminho de fuga que está longe da porta. Assim, as barreiras potenciais ao longo dos caminhos controlados semanalmente podem ser facilmente reduzidas por V_{ds} através do grande C_d nos SCD.

No MOSFET quando $V_{gs} < V_{th}$ a corrente é a corrente de sublimiar.

$$I_d = I_{off}\big|_{V_{gs}=0\ \&V_{ds}=V_{dd}} \tag{3.48}$$

Quando $V_{gs} < V_{th}$, I_D é função exponencial de V = $_{gs}e^{V_{gs}}$

Aqui a contribuição do eletrão inverso n_s é pequena.

$$\frac{\partial\Phi_s}{\partial V_{gs}} = \frac{C_{ox}}{C_{ox}+C_{dep}} \tag{3.49}$$

$\eta = 1 + \frac{C_{dep}}{C_{ox}}$; I_d é proporcional a n_s

$$I_d\ \alpha\ e^{q\Phi_s/kT}\ \alpha e^{\left(q\left(const+{V_{gs}}/{\eta}\right)/kT\right)} \tag{3.50}$$

$$\Phi_s = const + {V_{gs}}/{\eta} \tag{3.51}$$

Substituindo a equação (3.51) pela equação (3.50), obtém-se $100\eta\ \frac{W}{L}e^{(q(Vgs-Vth)/\eta kT)}$

$e^{qV_{gs}/\eta kT}$carrega 10 vezes por cada η x 60mV. Se η=1,5, I_d diminui 10 vezes por cada 90mV de diminuição de V_{gs} abaixo de V_{th} à temperatura ambiente. η x 60mv é a oscilação de sublimiar, SS (mV/dec) = $\eta\ 60mV\frac{T}{300k}$

$$I_{off} = 100\ \frac{W}{L}e^{q\left(\frac{V_{gs}-V_{th}}{\eta kT}\right)} = I_{off} = 100\ \frac{W}{L}e^{-q\left(\frac{V_{th}}{\eta kT}\right)} = I_{off} = 100\ \frac{W}{L}e^{-\frac{V_{th}}{SS}} \tag{3.52}$$

No FinFET, para reduzir a corrente de desativação para uma relação W/L fixa, as formas possíveis são as seguintes

- O aumento de V_{th} reduzirá a corrente de desativação e, consequentemente, reduzirá também a corrente de ativação. Isto afecta a velocidade e o desempenho do dispositivo.

- Podemos reduzir o valor de SS reduzindo o valor de η. Um valor SS mais baixo indica uma transição mais abrupta, minimizando a corrente de fuga. Isto pode ser conseguido aumentando a capacitância da porta (C_{ox}). Isto pode ser conseguido utilizando um material dielétrico de elevado κ para a camada de óxido da porta (t_{ox}). Um material de elevado valor dielétrico permite uma camada física de óxido mais fina, mantendo a mesma capacitância de porta [64]. Esta camada mais fina permite que a porta exerça uma maior influência sobre o canal, conduzindo a uma transição de corrente mais acentuada. A diminuição da capacitância de depleção (C_{dep}) é outra forma. Esta capacitância resulta da região de depleção dentro do canal do FinFET quando este está desligado. O aumento da largura de depleção (W_{dep}) reduzirá automaticamente a capacitância de depleção. Ao conceber o perfil de dopagem do canal, a largura efectiva da região de depleção pode ser aumentada.

- o Outra forma de reduzir a SS é utilizar o dispositivo a uma temperatura inferior à temperatura ambiente.
- o A utilização do conceito de corpo fino elimina a necessidade de dopagem pesada do canal.
- o A dopagem do canal é utilizada para ajustar o V_{th}.
- o A aleta mais curta do que a espessura da porta é chamada de quase-planar.
- o Espessura da aleta, T_{si} α Lg. ; SS ≈ 62mv/dec a T=300° k.

3.4 Conceção FinFET:

Normalmente, o FinFET tem melhores caraterísticas do que o MOSFET, mas a corrente de desativação é elevada no FinFET, pelo que deve ser modelado de acordo com as especificações e a aplicação pretendidas. Para isso, a partir do estudo da literatura sobre a modelação e caraterização do FINFET, observa-se que os parâmetros de design e as suas gamas de vários designs são apresentados na tabela 3.1. As dimensões da aleta, o comprimento da porta, os potenciais da porta e do dreno são os mais importantes na personalização deste dispositivo. Para a miniaturização, a gestão dos SCEs torna-se crucial. A atenuação destes efeitos pode implicar o ajuste de outros parâmetros do dispositivo, para além das dimensões das aletas. Assim, a otimização das dimensões do FinFET para uma determinada corrente é muito importante para qualquer aplicação. O impacto de vários atributos de design nas caraterísticas IV deve ser verificado aqui.

- o Impacto do potencial de drenagem
- o Impacto do potencial de porta

- Impacto do comprimento do portão
- Impacto da altura e largura das alhetas

Tabela 3.1: Dimensões FinFET e valores dos parâmetros de processo da literatura

S.NO	Parâmetros	Valores
1	Concentração na fonte (p/n-tipo)	$5x10^{17}$ a $1x10^{21}$ átomos/ cm^3
2	Concentração de drenagem (p/n-tipo)	$6x10^{16}$ a $1x10^{20}$ átomos/ cm^3
3	SiO_2 espessura	> 2,5 nm
4	Comprimento do portão	Até 40nm
5	Largura da alheta W_{fin} $(t)_{si}$	40nm a 30nm
6	Altura da alheta $(H)_{fin}$	30nm a 15nm
7	Material do portão/função de trabalho	materiais compostos binários
8	Espessura do óxido enterrado	> 3,7 nm
9	Espessura do corpo de Si	> 5nm
10	Comprimento efetivo do canal	36nm a 22nm

A fonte e o dreno do tipo n têm concentrações de dopagem iguais de 5×10^{19} cm^{-3} e a dopagem do canal é considerada como 10^{18} cm^{-3} . A espessura do material SiO_2 é considerada de 2nm. O procedimento de projeto com a ferramenta TCAD.

3.4.1 Impacto do potencial de drenagem:

Este facto é verificado através da observação da forma como a corrente de dreno (I_d) varia com as alterações na tensão de porta (V_{gs}) para dois potenciais de dreno distintos, tais como V_{ds} =0,1 V e 0,5 V. Ao variar a tensão de porta (V_{gs}) de 0 V para 1,0 V, a resposta do dispositivo foi observada como na figura 3.8.

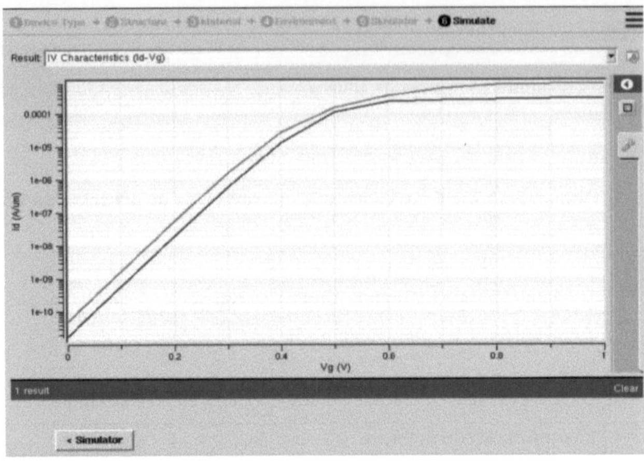

Figura 3.8: Caraterísticas I-V do FinFET a V_{ds} =0,1V e 0,5V

A curva verde representa as caraterísticas para V_{ds} = 0,5 V, e a curva vermelha representa as caraterísticas para V_{ds} = 0,1 V. A Tabela 3.2 apresenta pontos de dados específicos da corrente de dreno medida em diferentes intervalos de tensão de porta para ambos os valores de V_{ds} . Uma tensão de dreno mais elevada (V_{ds}) conduz a uma corrente de dreno mais elevada (I_d) para os potenciais de porta dados, porque uma maior diferença de tensão entre o dreno e a fonte criaria um campo elétrico mais forte, que conduziria mais corrente através do canal. A partir do gráfico, observa-se que, para os potenciais de dreno mais elevados, as caraterísticas são mais acentuadas à medida que o campo elétrico é maior.

Tabela 3.2: Caraterísticas I-V de FinFET

	V_{ds} =0,1V		V_{ds} =0,5V	
S.NO	V_{gs} (V)	I_d (A/μm)	V_{gs} (V)	I_d (A/μm)
1	0	1.74e-11	0	5.06e-11
2	0.1	6.02e-10	0.1	1.71e-09
3	0.2	1.99e-08	0.2	5.53e-08
4	0.3	5.98e-07	0.3	1.57e-06
5	0.4	1.32e-05	0.4	2.74e-05
6	0.5	1.14 e-05	0.5	1.54 e-04
7	0.6	2.32 e-04	0.6	3.61 e-04
8	0.7	2.62 e-04	0.7	5.92 e-04
9	0.8	2.76 e-04	0.8	7.61 e-04
10	0.9	2.84 e-04	0.9	8.20 e-04
11	1.0	2.90 e-04	1.0	8.38 e-04

3.4.2 Impacto do comprimento da porta:

A relação entre o comprimento da porta e a corrente é um pouco mais complexa. Um comprimento de porta mais curto pode levar a uma corrente de dreno mais elevada com uma dada tensão de porta. Isto deve-se ao facto de um canal mais curto oferecer uma menor resistência ao fluxo de corrente [65]. No entanto, para canais muito curtos, os SCEs tornam-se mais proeminentes. Estes efeitos podem dificultar a capacidade de ligar totalmente o dispositivo e aumentar a corrente de fuga. O presente estudo investiga a forma como o comprimento do canal de um FinFET afecta o seu comportamento I-V. A análise considerou vários valores de tensão de porta (V_{gs}), provavelmente de 0,0V a 0,8V, para ver como influenciam as curvas I-V. Os outros parâmetros considerados foram W_{fin} =10nm, H_{fin} =10nm, V_d =0,7V e função de trabalho (□) = 4,43 eV. As caraterísticas do dispositivo foram observadas para diferentes comprimentos de porta, tais como 4nm, 5nm, 10nm, 15nm e 20nm.

Tabela 3.3: Correntes de dreno para diferentes comprimentos de porta.

V_{gs} (V)	L =4nm$_g$	L =5nm$_g$	L =10nm$_g$	L =15nm$_g$	L =20nm$_g$
0.1	$4.50x10^{-6}$	$3.92 x10^{-7}$	$3.17 x10^{-7}$	$4.94 x10^{-8}$	$6.43 x10^{-8}$
0.2	$6.10x10^{-6}$	$5.83 x10^{-6}$	$5.43 x10^{-7}$	$7.29 x10^{-7}$	$7.8 x10^{-8}$
0.3	$6.70x10^{-6}$	$6.23 x10^{-6}$	$7.36 x10^{-7}$	$8.50x10^{-7}$	$8.63 x10^{-7}$
0.4	$6.85 x10^{-6}$	$6.35 x10^{-6}$	$4.74 x10^{-6}$	$8.92 x10^{-7}$	$9.11 x10^{-7}$
0.5	$7.01 x10^{-6}$	$6.24 x10^{-6}$	$7.93 x10^{-6}$	$9.14 x10^{-7}$	$9.36 x10^{-7}$
0.6	$6.40x10^{-6}$	$7.13 x10^{-6}$	$8.09 x10^{-6}$	$9.3 x10^{-7}$	$9.59 x10^{-7}$
0.7	$6.53 x10^{-6}$	$7.23 x10^{-6}$	$8.15 x10^{-6}$	$9.43 x10^{-7}$	$9.78 x10^{-7}$
0.8	$6.69 x10^{-6}$	$7.32 x10^{-6}$	$8.28 x10^{-6}$	$9.55 x10^{-7}$	$9.97 x10^{-7}$

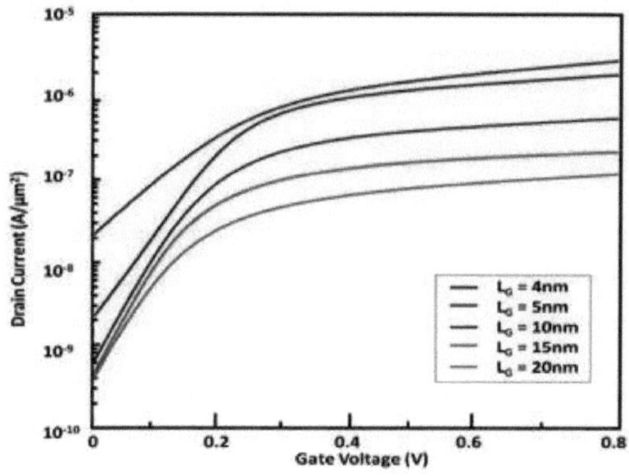

Figura 3.9: Caraterísticas I-V W_{fin} =10nm; H_{fin} =10nm e V_{dd} =0,7V com diferentes comprimentos de porta.

A Tabela 3.3 revela uma tendência interessante: à medida que o comprimento da porta do FinFET diminui, a corrente de dreno (I_d) aumenta para uma dada tensão de porta (V_{gs}) e tensão de dreno (V_{ds}). A Figura 3.9 mostra as caraterísticas I-V do FinFET para o comprimento de canal L_g =4nm a 20nm.

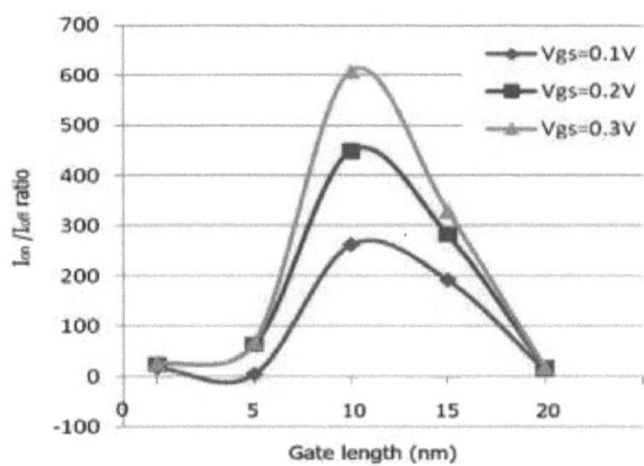

Figura 3.10: Gráfico do comprimento optimizado da porta.

A região sublimiar das caraterísticas I-V mostrada na figura 3.9 é considerada de Vg (V_{gs})=0,1V a 0,3V, para esta região a relação corrente ligada/desligada é medida para cada comprimento de porta e o gráfico de drenagem entre I /I_{onoff} relação Vs comprimento de porta para otimizar o comprimento de porta, como mostra a figura 3.10. Isto indica que, para uma tensão de porta e uma tensão de dreno fixas, um comprimento de porta mais curto pode conduzir a uma maior densidade de corrente de dreno (corrente por unidade de área do dispositivo).

3.4.3Impacto da altura das alhetas:

A partir da equação 3.8, uma aleta mais larga ou mais alta pode oferecer uma corrente de ligação mais elevada, porque uma aleta mais larga proporciona uma área de secção transversal maior para o canal, permitindo que mais electrões fluam através do

O dispositivo pode ser mais rápido quando está ligado, mas pode diminuir a velocidade de comutação porque uma aleta mais alta aumenta a capacitância do dispositivo. Uma aleta mais alta proporciona uma maior área de superfície para a formação do canal dentro do

FinFET. O aumento da área do canal permite que mais portadores de carga fluam através do canal quando o dispositivo é ligado, levando a uma maior corrente de ativação. Com uma aleta mais alta, o elétrodo da porta pode exercer uma maior influência sobre todo o canal devido à curta distância entre a porta e o canal. Este controlo melhorado da porta permite ligar e desligar o dispositivo de forma mais eficiente, conduzindo potencialmente a uma maior corrente ligada a uma dada tensão da porta. O aumento da altura da aleta pode atenuar os efeitos do canal curto. Uma aleta mais alta também aumenta a capacitância do dispositivo, o que pode diminuir a velocidade de comutação. A otimização da altura das alhetas é crucial para equilibrar a corrente de ligação, a corrente de fuga e a velocidade do dispositivo no projeto FinFET. É evidente que o aumento da altura da aleta torna o canal maior para acumular mais cargas na região e aumenta as densidades de corrente perto dos eléctrodos de drenagem para compor a corrente de drenagem mais elevada [66]. Para conhecer o impacto da altura da aleta, considere V_d=0,7V, L_g=10nm e W_{fin}=10nm. Agora observe as caraterísticas para várias alturas de aletas variando a Vg de 0,1 V a 0,8 V e anote a corrente de dreno como na tabela 3.4.

De acordo com a figura 3.11, à medida que as alhetas se tornam mais altas, a corrente ligada e a corrente desligada aumentam. As aletas reduzem o domínio da porta sobre o canal, levando a um aumento de I_{off} à medida que a altura e a largura das aletas aumentam.

Tabela-3.4: Corrente de drenagem para várias alturas de alhetas.

Vgs (V)	Hfin=20nm	Hfin=15nm	Hfin=10nm	Hfin=5nm	Hfin=4nm
0.0	8.9587×10^{-8}	1.1498×10^{-9}	3.41035×10^{-9}	2.66×10^{-9}	8.59×10^{-10}
0.1	3.9731×10^{-7}	7.8686×10^{-8}	8.52908×10^{-8}	8.51×10^{-8}	1.96×10^{-9}
0.2	6.4063×10^{-6}	2.4064×10^{-6}	4.19744×10^{-6}	5.26×10^{-6}	3.76×10^{-7}
0.3	1.257×10^{-5}	1.6397×10^{-5}	2.39584×10^{-5}	3.61×10^{-5}	5.88×10^{-6}
0.4	3.4371×10^{-5}	5.5762×10^{-5}	5.62826×10^{-5}	4.13×10^{-5}	1.81×10^{-5}
0.5	$5. 521 \times 10^{-5}$	7.026×10^{-5}	7.03384×10^{-5}	6.87×10^{-5}	2.45×10^{-5}
0.6	8.0918×10^{-5}	9.0683×10^{-5}	8.17874×10^{-5}	9.03×10^{-5}	3.95×10^{-5}
0.7	3.1184×10^{-4}	2.0923×10^{-4}	9.2013×10^{-5}	1.55×10^{-4}	6.03×10^{-5}

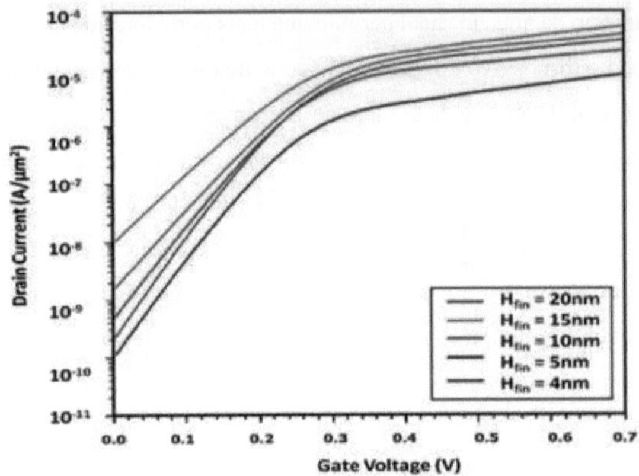

Figura 3.11: Caraterísticas I-V para diferentes alturas de alhetas.

Além disso, como a corrente de estado de desativação ocorre no meio da aleta (inversão de volume), que está distante da porta, a corrente de fuga abaixo do limiar aumenta à medida que a largura da aleta aumenta. A corrente de dreno aumenta com o aumento da altura da aleta. I /I_{onoff} e DIBL aumentam com o aumento da altura. Enquanto que V_{th} e SS diminuem.

3.4.4 Impacto da largura das alhetas:

Para conhecer o impacto da largura das alhetas, considere os seguintes parâmetros: V_d =0,7V, L_g=10nm e H_{fin}=5nm. Agora, observe as caraterísticas de várias larguras de aletas, como W_{fin}=20nm, 15nm, 10nm, 5nm e 4nm, variando o potencial de porta de 0,1V a 0,8 V e anotando a corrente de dreno como na tabela 3.5. De acordo com a figura 3.12, observa-se que, à medida que a aleta se torna mais larga, a corrente ligada e a corrente desligada aumentam. A aleta reduz a dominância da porta sobre o canal, levando ao aumento de I_{off} à medida que a altura e a largura da aleta aumentam [67]. Além disso, como a corrente de desligamento ocorre no meio da aleta (inversão de volume), que está distante da porta, a corrente de fuga abaixo do limiar aumenta à medida que a largura da aleta cresce.

Tabela 3.5: Corrente de drenagem para diferentes larguras de alhetas.

V_{gs} (V)	W =4nm$_{fin}$	W =5nm$_{fin}$	W =10nm$_{fin}$	W =15nm$_{fin}$	W =20nm$_{fin}$
0.1	4.31 x10^{-6}	5.24 x10^{-6}	6.28 x10^{-6}	7.67 x10^{-6}	1.09 x10^{-5}
0.2	9.99 x10^{-6}	1.10x10^{-5}	1.31 x10^{-5}	1.50x10^{-5}	1.72 x10^{-5}
0.3	1.25 x10^{-5}	1.39 x10^{-5}	1.63 x10^{-5}	1.83 x10^{-5}	2.01 x10^{-5}
0.4	1.06 x10^{-5}	1.16 x10^{-5}	1.38 x10^{-5}	1.57 x10^{-5}	1.77 x10^{-5}

0.5	7.79 x10^{-6}	8.83 x10^{-6}	1.05 x10^{-5}	1.23 x10^{-5}	1.48 x10^{-5}
0.6	6.51 x10^{-6}	7.44 x10^{-6}	8.77 x10^{-6}	1.03 x10^{-5}	1.30x10^{-5}
0.7	5.53 x10^{-6}	6.40x10^{-6}	7.56 x10^{-6}	9.18 x10^{-6}	1.20x10^{-5}
0.8	4.71 x10^{-6}	5.53 x10^{-6}	6.57 x10^{-6}	8.19 x10^{-6}	1.10x10^{-5}

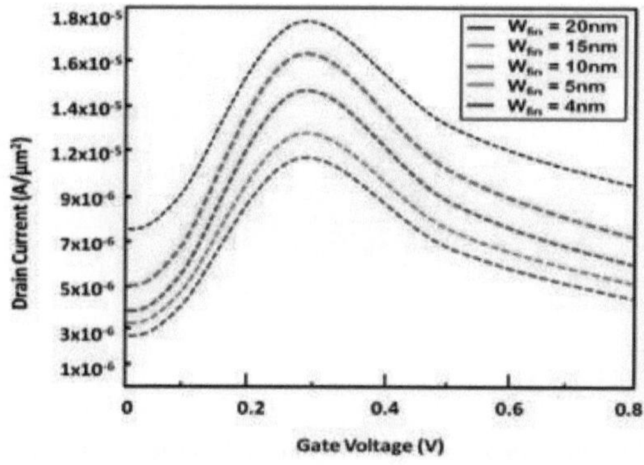

Figura 3.12: Caraterísticas I-V para diferentes larguras de alhetas.

A corrente de dreno aumenta com o aumento da altura da aleta. I /I_{onoff} e DIBL aumentam com o aumento da altura. Enquanto que V_{th} e SS diminuem. A partir desta experiência, compreende-se que a largura óptima da alheta é de 10 nm.

A partir de todas estas experiências, os parâmetros do FinFET proposto são optimizados como L_g =10nm, H_{fin} =5nm e W_{fin} =10nm, V_d =0,7V e outros parâmetros do processo são considerados como na tabela 3.6. Com as especificações da tabela 3.6, foi implementado um FinFET com a ferramenta TCAD [68]. O FinFET projetado com as especificações da tabela 3.6 é apresentado na figura 3.13.

Tabela 3.6: Especificações do FinFET proposto

S.NO	Parâmetros	Valores
1	Dopagem do tipo N (fonte / dreno)	5×10^{19} cm^{-3}
2	dopagem do tipo p (canal)	1×10^{18} cm^{-3}
3	SiO_2 espessura do material $(t)_{si}$	2nm
4	Comprimento do portão	10nm
5	Largura das alhetas $(W)_{fin}$	10nm
6	Altura da alheta $(H)_{fin}$	5nm
7	Material do portão/função de trabalho	Al/4,125 eV
8	Espessura do óxido enterrado	4nm

9	Espessura do corpo de Si	3nm
10	Comprimento efetivo do canal	14nm

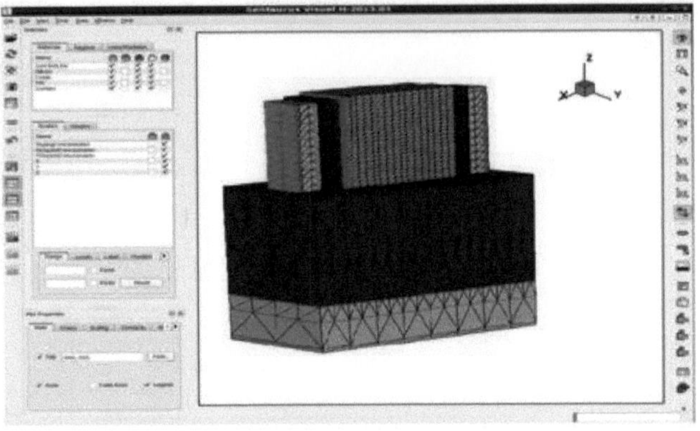

Figura 3.13: Diagrama de malha 3D-Fin-FET gerado na ferramenta TCAD.

A partir das simulações do FinFET, as caraterísticas I-V são obtidas como na figura 3.14. A partir disso, observa-se que a corrente ligada e a corrente desligada do dispositivo são 324.87μA e 67.78nA, respetivamente, e o valor SS é 73mV / dec em comparação com os MOSFETs em [3,4 e 12], a corrente ligada é aproximadamente 70 vezes melhorada, a corrente desligada é pequena, mas mais no projeto proposto e o valor SS é melhor para o nosso dispositivo.

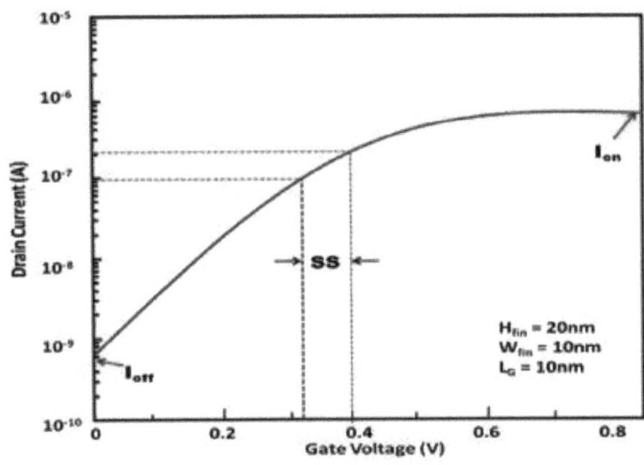

Figura 3. 14: Caraterísticas I-V do FinFET.

Tabela 3.7: Comparações entre o modelo existente e o modelo proposto de FinFET

Parâmetros	I_{on} **(μA/μm)**	I_{off} **(nA/μm)**	**SS(mV/dec)**	I/I_{onoff} **(A)**
DG-MOSFET [3]	270	0.1982	76.8	$1.13x10^{6}$
DGMOSFET [4]	1.6	2.18	77.38	$0.73x10^{3}$
MOSFET a granel[12]	3.0	$2x10^{-3}$	--	$1.5\ x10^{6}$
Duplo k 7nm FinFET [26]	161.7	$14.7x10^{-3}$	69.8	$11x10^{6}$
InGaAs FinFET [27]	0.821	$55.8\ x10^{-6}$	77.38	$1.47x10^{4}$
SOI FinFET [60]	53.6	4.22	64.91	$1.27x10^{4}$
Espaçador de elevada permissividade FinFET [69]	121.7	$100x10^{-3}$	76	$12.17\ x10^{6}$
SOI FinFET em forma de U[70]	0.011	1	73.0	$1.1x10^{5}$
O nosso FinFET	325.4	67.78	73	$4.79x10^{3}$

A Tabela 3.7 mostra os resultados da comparação do nosso dispositivo FinFET com a literatura e observa-se que. Este dispositivo mostra a sua superioridade nos valores de corrente e SS em relação aos outros dispositivos.

3.5 CONCLUSÃO: Embora o nosso projeto tenha caraterísticas mais acentuadas e uma boa quantidade de corrente ligada, tem mais corrente desligada do que os outros dispositivos. Assim, para reduzir a corrente de desativação, em vez do mecanismo de condução convencional, é necessário um mecanismo de tunelamento, que é o nosso próximo capítulo.

CAPÍTULO- IV

MODELAÇÃO DE DISPOSITIVOS TFET

CAPÍTULO- IV

MODELAÇÃO DE DISPOSITIVOS TFET

Neste capítulo, a introdução, a construção e o mecanismo de funcionamento do TFET foram discutidos juntamente com os desafios para melhorar as técnicas de tunelamento do dispositivo. É explicado o modelo analítico da corrente de tunelamento do TFET de porta única e do TFET de porta dupla através da ferramenta Synopsis TCAD. O desempenho do TFET foi observado alterando o comprimento do canal e mantendo todas as outras dimensões fixas, comparando finalmente os nossos resultados com os da literatura.

4.1 INTRODUÇÃO

A construção e o princípio de funcionamento únicos tornam o TFET superior aos dispositivos convencionais. Os parâmetros eléctricos do TFET podem ser ajustados através da modificação dos seus parâmetros físicos. A introdução do TFET e o mecanismo básico de tunelização foram abordados na secção 1.3.4. Os TFET convencionais têm uma corrente de acionamento baixa devido à sua grande barreira de tunelamento BTBT [71], particularmente para os materiais semicondutores com um grande intervalo de banda, como o silício. A corrente dos TFET pode melhorar com algumas alterações na estrutura e/ou com algumas técnicas de engenharia de materiais, como as heteroestruturas [72], os materiais com baixo desnível de banda, a engenharia do desnível de banda, a técnica de sobreposição porta-fonte [73] e variações nos níveis de dopagem do canal.

O TFET básico é o TFET de porta única, uma construção de TFET de tipo n é semelhante à construção do MOSFET convencional, exceto que a fonte e o dreno estão fortemente dopados com material de tipo P e o canal está ligeira e intermediariamente dopado com material de tipo n. A construção do TFET de tipo P é oposta à do tipo n. A estrutura e os símbolos do TFET de porta única do tipo n são apresentados na figura 1.10. A região intrínseca de um dispositivo TFET típico é uma junção PIN, que significa "p-type, intrinsic, n-type". Um terminal de porta controla o potencial eletrostático desta junção[74]. A porta de polissilício com uma camada de dióxido de silício está limitada ao canal ou pode ser espalhada por todo o lado.

4.2 MECANISMO DE FUNCIONAMENTO

Para que o TFET funcione, é necessário aplicar um potencial de porta para acumular os electrões na região intrínseca. A Figura 4.1 representa a banda de energia nos estados ligado e desligado. No caso dos TFET do tipo n, a potenciais de porta mais elevados, a banda de condução intrínseca e a banda de valência da região P coincidem, os electrões passam da região p para a banda de condução da região intrínseca, pelo que se verifica um tunelamento BTB no dispositivo. A largura da barreira de energia entre a região intrínseca e a região p+ é muito maior, e o dispositivo está no estado OFF.

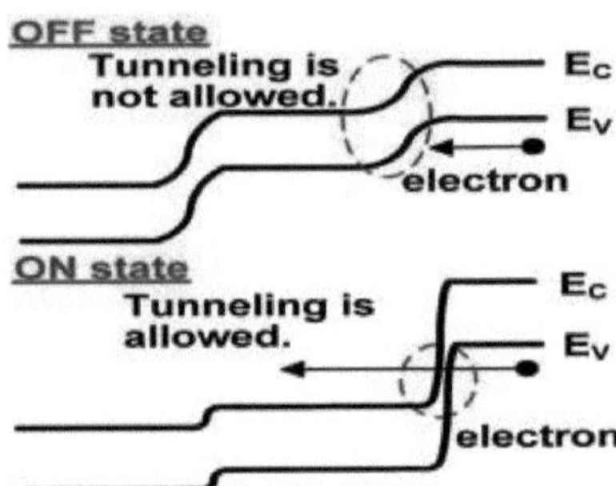

Figura 4.1: Diagrama de bandas do TFET de canal n nos estados ON/OFF .

ESTADO DESLIGADO (Vg=0V, V_{dd} = 0V): Neste caso, a banda entre o canal-fonte e o canal-dreno é suficientemente larga, como mostra a figura 4.2(a), pelo que não flui qualquer corrente no dispositivo. Este é um estado completamente desligado.

ESTADO LIGADO (V_g >0V, V_{dd} =+Ve): É aplicado um potencial de porta positivo para ligar o dispositivo. Este potencial faz com que a banda entre a região da fonte e a região intrínseca se estreite e a banda de valência da fonte e a banda de condução da camada intrínseca coincidam e se inicie o tunelamento, como mostra a figura 4.2(b). O BTBT aumenta com o aumento do potencial de porta.

ESTADO AMBIPOLAR (Vg=0V, V_{dd} =+Ve): No estado OFF, com o abaixamento da polarização da porta, as bandas ficarão desalinhadas, ou seja, a banda de condução da região intrínseca do canal não está alinhada com a banda de valência da região P da fonte, o que é conhecido como estado ambipolar [75], e a corrente do estado ambipolar é designada por (I_{Amb}).

Caso 1 (V_g <0V &V_{dd} =+Ve): Neste caso, o gap de banda fonte-canal é mais largo, enquanto que no dreno-canal é estreito. Por conseguinte, uma certa quantidade de corrente inversa flui do dreno para a fonte. Isto é conhecido como corrente ambipolar, como mostra a figura 4.2(c). Esta corrente é muito pequena e é medida na gama dos pico ou femto-amperes.

Caso-2 (V =0V&V_{gdd} =+Ve): O campo elétrico não se estabelece no canal-fonte porque não há potencial de porta, pelo que não há fluxo de corrente no dispositivo. Em comparação com o caso anterior, neste caso flui muito pouca corrente negativa.

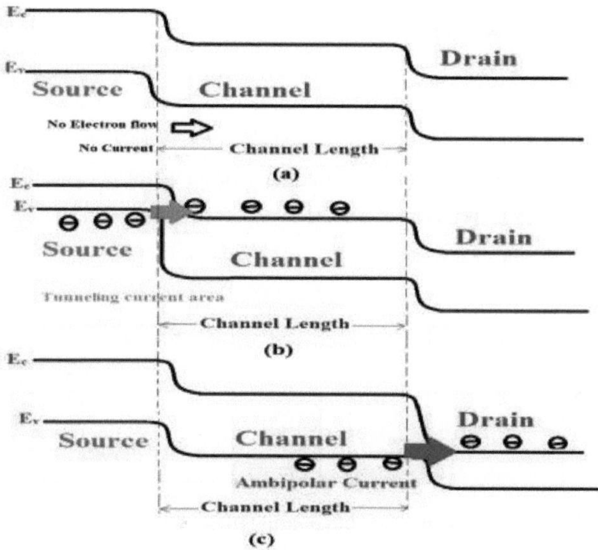

Figura 4.2: Alinhamento da banda de energia com (a) estado desligado (b) estado ligado (c) estado ambipolar.

4.3 TÉCNICAS DE REFORÇO DE TÚNEIS

O mecanismo de tunelamento pode ser melhorado de várias formas para aumentar a corrente do dispositivo.

a) **Engenharia de junção de drenos***:* Reduzir o mais possível a corrente de fuga da área de drenagem.
   - LIN (rede de interconexão local) em que a porta e o dreno não se sobrepõem.
   - Aumento do intervalo de banda e redução do perfil de impurezas.

b) **Engenharia de canais***:* Aumento da probabilidade de tunelamento TWKB.
   - Semicondutores com um pequeno intervalo de banda.
   - Materiais III-V.

c) **Arquitecturas de múltiplas portas***:* Para aumentar a corrente de acionamento com base no número de portas que cobrem a área do canal.

- TFET de porta única
- TFET de porta dupla
- TFET de porta tripla

Baseado no mecanismo de tunelamento orientado por porta

TFET de porta única: O mecanismo de tunelamento é dividido em tunelamento pontual e de linha na perspetiva de uma orientação de porta única. O tunelamento pontual ocorre no pequeno espaço de tunelamento (pontual) da área de junção fonte-canal, como se mostra na figura 4.3(a). Na configuração em linha, a porta sobrepõe-se à base, o que afecta os portadores de alta velocidade, como mostra a figura 4.3(b). As grandes regiões de tunelização (linha) desde a porção da fonte sobreposta à porta até à junção do canal são responsáveis pela rápida geração de BTBT nestas regiões.

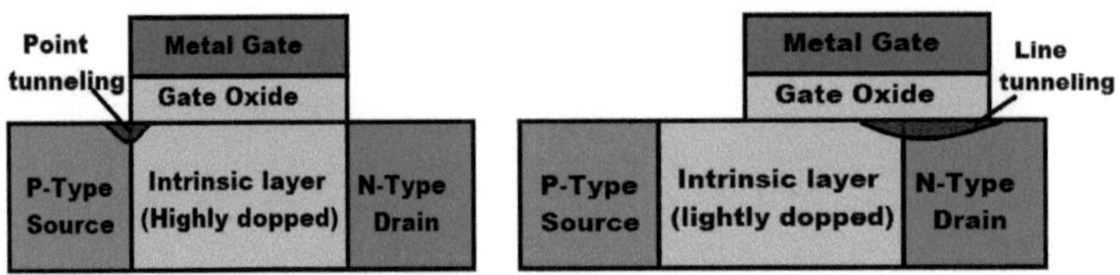

Figura 4.3: (a) TFET de tunelamento pontual (b) TFET de tunelamento em linha [76].

A principal vantagem do LTFET é o facto de existir uma corrente de tunelamento notável. Para uma comutação acentuada e uma corrente ON elevada com um controlo eletrostático robusto da porta, os engenheiros desenvolveram o "Gate Stack".

- Uma estrutura que é fina no EOT e nos bordos do portão.
- Baixa densidade de armadilhas na interface.

- A comutação nítida e a elevada corrente de ativação a baixa separação do túnel resultam de uma conceção cuidadosa da junção da fonte.
  - Uma ativação de impurezas muito concentrada e um perfil de dopagem acentuado.
  - Gerir o comprimento de sobreposição da porta sem defeitos na ligação.
  - A hetero interface e a junção estão alinhadas.

4.4 MODELO DE POTENCIAL DE SUPERFÍCIE

Para resolver a equação de Poisson 2-D, construa um modelo 2-D baseado na física do potencial de superfície e do campo elétrico para um TFET. Considere-se o TFET apresentado na figura 4.4, os parâmetros considerados para a modelação deste dispositivo são: porta de alumínio-metal com função trabalho = 4.12eV, a espessura da camada de SiO_2 (T_{ox}) é de 2 nm, os comprimentos da fonte (L_s), do dreno (L_D) e do canal (L_{ch}) são 50nm, 50nm e 200 nm, a espessura da película de silício (T_{si}) é de 10nm, A espessura da BOX é de 180 nm, as concentrações de dopagem da fonte (tipo p), do dreno (tipo n) e do canal (tipo n) são mantidas em 10^{20} cm^{-3} ,10^{17} cm^{-3} , e 10^{18} cm^{-3} , respetivamente. A tensão do corpo (V_B) é de 0 V. Os modelos incluídos são a simulação numérica do modelo de mobilidade constante, os modelos de recombinação e o modelo BTBT.

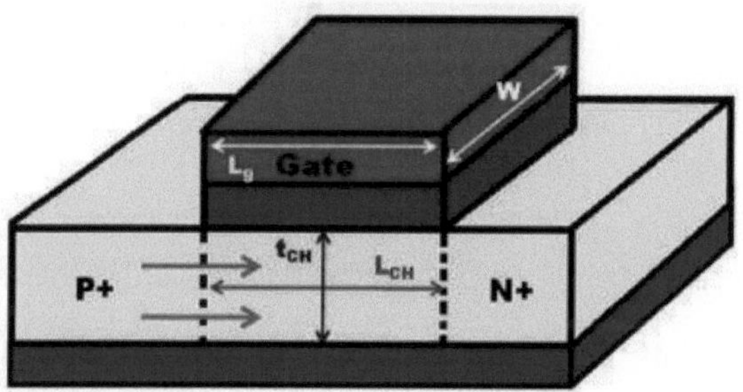

Figura 4.4: Diagrama esquemático do TFET

Considere a equação de Poisson 2D no canal dos TFETs:

$$\frac{\partial^2 \phi(x,y)}{\partial x^2} + \frac{\partial^2 \phi(x,y)}{\partial y^2} = \frac{qN_A}{\varepsilon_{si}} \qquad (4.1)$$

$_A$As distribuições de potencial de um TFET ao longo dos eixos X e Y são mostradas nas figuras 4.5(a) e 4.5(b). Para resolver a equação 4.1 é necessário adotar uma estratégia pseudo-2D.

Na direção vertical, assumir um perfil de potencial parabólico.

$$\Phi\ (x,y) = C_0\ (x) + C_1\ (x)y + C_2\ (x)y^2 \qquad (4.2)$$

As três condições de fronteira são necessárias como nas equações 4.3 (a) a 4.3 (c). O potencial de superfície Φ_S é o potencial (Φ) em y = 0. Em y = T_{Si} , o campo elétrico (E) é igual a zero. O campo de deslocamento elétrico no contacto silício/óxido é o mesmo em ambas as direcções quando y = 0.

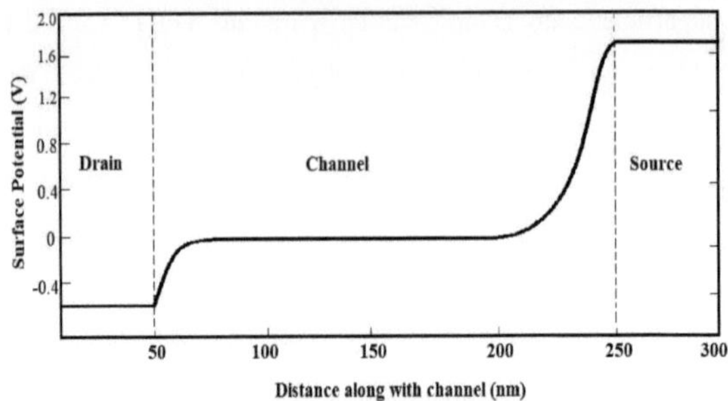

Figura 4.5(a): Distribuições de potencial do TFET ao longo do seu eixo X

$$\Phi\ (x, 0) = \Phi_S(x) \qquad (4.3a)$$

$$E(x, T_{Si}) = 0 \qquad (4.3b)$$

$$E(x, 0) = -\ C\ (_{ox}\Phi_G - \Phi_S(x))\ /\varepsilon_{Si} = -\ C_{ox}\ (V_{gs} - V_{FB} - \Phi_S(x))\ /\varepsilon_{Si} \qquad (4.3c)$$

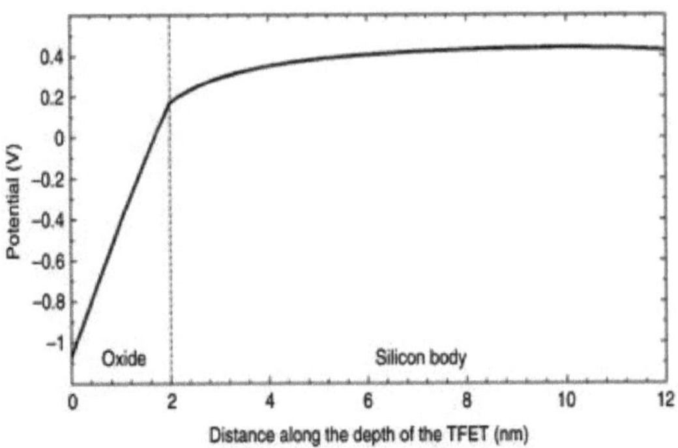

Figura.4.5(b): Distribuições de potencial do TFET ao longo do seu eixo Y

C_{ox} - capacitância de óxido por unidade de área,ε_{Si} - permissividade do silício, e a tensão de banda plana (V_{FB}) é

$$V_{FB} = V_{FBO} + \frac{qN_f}{C_{ox}} \qquad (4.4)$$

Para a banda plana sem uma carga de interface é V_{FB0} . Resolva os coeficientes da equação (4.2) utilizando as condições de fronteira fornecidas na equação (4.3) e obtenha.

$$C_0\ (x) = \Phi_S(x) \qquad (4.5\ (a))$$

$$C_1\ (x) = -\frac{C_{ox}}{\varepsilon_{si}}(\Phi_G - \Phi_s(x)) \qquad (4.5\ (b))$$

$$C_2(x) = \frac{C_{ox}}{2T_{si}\varepsilon_{si}}\left(\Phi_G - \Phi_s(x)\right) \quad (4.5\ (c))$$

$$\Phi_G = V_{GS} - V_{FB} \quad (4.6)$$

Substituindo estes coeficientes na equação (4.2), obtém-se a equação (4.7)

$$\varphi\,(x,y) = \varphi_S(x) + -\frac{C_{ox}}{\varepsilon_{si}}(\varphi_G - \varphi_s(x))y + \frac{C_{ox}}{2T_{si}\varepsilon_{si}}\left(\varphi_G - \varphi_s(x)\right)y^2 \quad (4.7)$$

Em seguida, substitui-se a equação 4.7 na equação 4.1 e simplifica-se a equação de Poisson 2D em y = 0, transformando-a numa equação diferencial linear 1D de segunda ordem, como se indica a seguir

$$\frac{\partial^2\Phi_s(x)}{\partial x^2} - \frac{C_{ox}}{T_{si}\varepsilon_{si}}\Phi_s(x) = \frac{qN_s}{\varepsilon_{si}} - \frac{C_{ox}}{T_{si}\varepsilon_{si}}\Phi_G \quad (4.8)$$

A solução da equação 4.8 é obtida combinando a solução homogénea com a solução específica e fornecida pelas equações 4.9 e 4.10.

$$\Phi_{si}(x) = A_i exp\left(\frac{x-L_i}{L_c}\right) + B_i exp\left(\frac{-(x-L_i)}{L_c}\right) + \Phi_{Gi} - \frac{qN_iL_c^2}{\varepsilon_{si}} \quad (4.9)$$

$$L_c = \sqrt{T_{ox}T_{si}\varepsilon_{si}/\varepsilon_{ox}} \quad (4.10)$$

Onde, L_c é o comprimento caraterístico, A_i e B_i são coeficientes exponenciais e L_i é o centro da exponencial (para i = 1, 2).

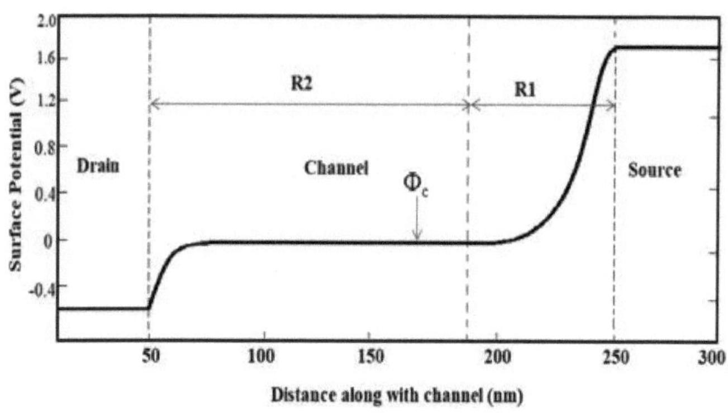

Figura 4.6: Potencial de superfície do TFET ao longo do canal.

Como mostra a figura 4.6, o TFET está dividido em duas regiões distintas, a região de tunelização (R1) e a região do canal (R2). Em toda a região do canal, o potencial de superfície (Φ_C) é constante, porque o campo elétrico na direção X é relativamente fraco na zona do canal e razoavelmente forte na zona de tunelamento. Ao comparar os lados do dreno do TFET e do MOSFET, é possível determinar o valor de Φ_C . A Figura 4.6 demonstra o Φ_C que é igual ao potencial da superfície de drenagem no MOSFET, o que conduz às seguintes fórmulas.

$$\Phi_c = \Phi_B + V_{DS} \text{Para } V_{DS} < |V_{GS} - V_{th}| \text{ na região linear.} \quad (4.11)$$

$$\Phi_c = \Phi_B + |V_{GS} - V_{th}| \text{ Para } V_{DS} > |V_{GS} - V_{th}| \text{ na região de saturação} \quad (4.12)$$

O potencial intrínseco do canal, representado pelo símbolo Φ_BNa Figura 4.4, o potencial intrínseco do canal, representado pelo símbolo 4.4, é a soma da flexão da banda na estrutura e do abaixamento da banda sobre a camada da caixa, onde V_{th} é a tensão de limiar de um MOSFET com o mesmo desenho básico. Com esta informação, podemos calcular o potencial na área R_2 . A condição de fronteira na direção X para o potencial de superfície entre as regiões R_1 e R_2 é também Φ_c.

$$\Phi_s(x_i) = \Phi_c \quad (4.13)$$

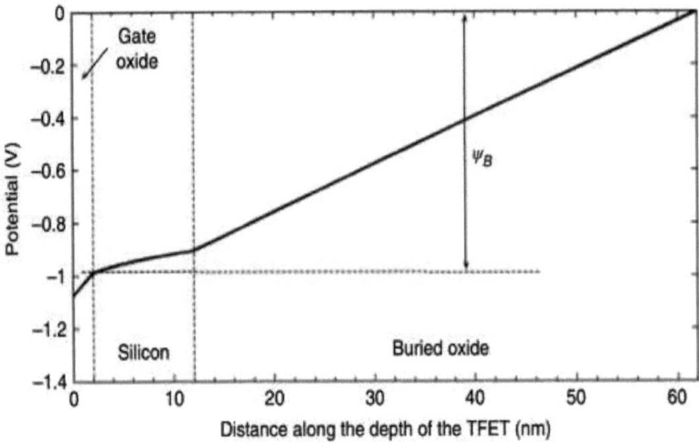

Figura 4.7: Potencial ao longo da profundidade do TFET (direção Y).

Onde $x_i$representa a localização atualmente desconhecida da fronteira entre as áreas R1 e R2 e é mostrada na figura 4.7, o campo elétrico é nulo em X = x_i , sendo a segunda condição de fronteira ao longo do eixo X

$$\frac{\partial \Phi_s(x_i)}{\partial x} = 0 \quad (4.14)$$

O potencial de superfície igual à possibilidade entre a fonte e o corpo (V_{bi}) estabelece a terceira condição de fronteira no eixo X.

$$\Phi_{s(0)=\Phi_{src}=V_s+V_{bi}} \quad (4.15)$$

Quando a tensão da fonte (V_S) é assumida como zero, o potencial da fonte (Φ_{src}) é calculado. Onde

$$V_{bi} = \frac{kT}{q}\ln\left(\frac{N_{source}N_A}{n_i^2}\right) \quad (4.16)$$

Depois de substituir estas hipóteses nas equações 4.14 a 4.16, a equação 4.9 é resolvida para A, B e xi.

$$\Phi_s(x) = A\exp\left(\frac{x-L_i}{L_c}\right) + B\exp\left(\frac{-(x-L_i)}{L_c}\right) + \Phi_{Gi} - \frac{qN_iL_c^2}{\varepsilon_{si}} \quad (4.17)$$

Para simplificar a solução do potencial de superfície, na equação 4.16, alterámos o centro exponencial $x = x_i$. Observa-se que a estrutura básica da equação 4.16 é idêntica à da equação 4.9, a única alteração é que a expressão dos coeficientes A e B. À medida que avançamos com a resposta, este facto tornar-se-á evidente. Substituindo a equação 4.20 na equação 4.14, obteremos (A-B) = 0 ou A=B.

Assim, a equação 4.17 pode ser reescrita como

$$\Phi_S(x) = A\cosh\left(\frac{(x-x_i)}{L_c}\right) + \Phi_G - \frac{qN_sL_c^2}{\varepsilon_{si}} \quad (4.18)$$

Deslocando o centro da exponencial de x = xi, substituindo a equação 4.10 e a equação 4.13, então a constante A é

$$A=\Phi_c - \left(\Phi_G - \frac{qN_sL_c^2}{\varepsilon_{si}}\right) \quad (4.19)$$

No TFET, como a dopagem do corpo é pequena, o termo $N_sL_c^2/\varepsilon_{si}$ na equação 4.19 torna-se relativamente insignificante, pelo que A=$(\Phi_c - \Phi_G)$. Com a substituição de todas estas hipóteses na equação 4.18, obtém-se a equação 4.20.

$$x_i = L_c\cosh^{-1}\left(\frac{V_{bi}}{\Phi_c-\Phi_G}\right) (4.20)$$

Anteriormente, A, B e xi são constantes desconhecidas, mas determinadas. Finalmente, o potencial de superfície do TFET é expresso como nas equações (4.21 e 4.22) na região R1 e na região R2, respetivamente.

$$\Phi_s(x) = (\Phi_c - \Phi_G)\cosh\left(\frac{x-(L_c\cosh^{-1}(V_{bi}/\Phi_c-\Phi_G))}{L_c}\right) + \Phi_G \qquad (4.21)$$

$$\Phi_s(x) = \Phi_c \qquad (4.22)$$

Os modelos de potencial de superfície pseudo-2D nas equações 4.14 e 4.15 são finalmente expressos como acima, e a distribuição do campo elétrico (E_x) ao longo do comprimento do canal é obtida pela diferenciação do potencial de superfície.

$$E_X = \frac{-d\Phi_s}{dx} = \frac{-d(Ae^{kx}+Be^{-kx}+\Phi_d)}{dx} \qquad (4.23)$$

Os perfis do potencial de superfície (curva superior) e do campo elétrico (curva inferior) são apresentados na figura 4.8.

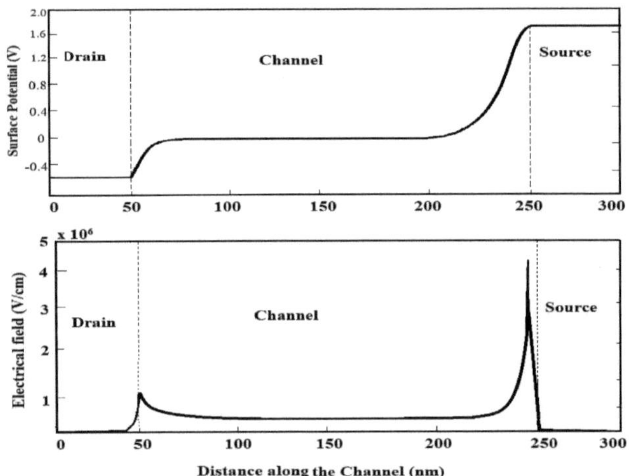

Figura 4.8: Perfis do potencial de superfície (curva superior) e do campo elétrico (curva inferior) para um TFET de canal p a V_g = 1,5 V e V_d = 1 V

A partir do modelo de Kane [77], a taxa de geração é expressa em número de portadores por unidade de volume por unidade de tempo:

$$G_{tun}(\xi) = A\frac{\xi_{avg}^{D-1}}{\sqrt{E_g}}\text{expirar}\left[-B\frac{E_g^{3/2}}{\xi_{avg}}\right] \qquad (4.24)$$

Onde E_g é o intervalo de elasticidade, A,B e D são parâmetros que dependem da massa efectiva das bandas de valência e de condução e D tem um valor por defeito de 2, A=3,5×10 $eV^{211/2}$ /cm.s.V^2 e B= 22,5×10^6 V/cm-$(eV)^{3/2}$

A corrente do TFET pode ser calculada como a soma de toda a carga gerada no dispositivo [78].

$$I_{BTBT} = q \int GdV = qWL_{gate} \int Gdx \quad = qWL_{gate} \int A \frac{\xi_{avg}^{D-1}}{\sqrt{E_g}} \exp\left[-B \frac{E_g^{3/2}}{\xi_{avg}}\right] dx \quad (4.25)$$

Onde L_{gate} é o comprimento da porta, W é a largura da porta e ξ_{avg} o campo elétrico médio.

A corrente de tunelamento (I_{tun}) é $I_{tun} = \frac{qWL_{gate}}{2} \int_{x_{min}}^{x_{max}} A \frac{\xi_{avg}^{D-1/2}}{E_g^{1/2}} \exp\left[-B \frac{E_g^{3/2}}{\xi_{avg}}\right]$

(4.26)

Em que x_{min} e x_{max} são as localizações mais pequenas e mais altas do túnel, e as equações 4.22 e 4.24 são expressas como nas equações 4.27 e 4.28.

$$G(l_{tun}) = \frac{qWL_{gate}}{2} \frac{AN_a E_g^{1/2}}{4\varepsilon} \left(1 - \frac{l_{max}^4}{l_{tun}^4}\right). \exp\left(-BqE_g^{1/2} l_{tun}\right) dl_{tun} \quad (4.27)$$

$$I_{tun} = \frac{qWL_{gate}}{2} \int_{l_{min}}^{l_{max}} \frac{AN_a E_g^{D-1/2}}{4\varepsilon} \left(1 - \frac{l_{max}^4}{l_{tun}^4}\right). \exp\left(-BqE_g^{1/2} l_{tun}\right) dl_{tun} \quad (4.28)$$

em que ε é a permissividade do dielétrico e N_a é a concentração da fonte.

O caminho extremo do túnel $l_{max} = \sqrt{\frac{2\varepsilon_s E_g}{q^2 N_a}}$ (4.29)

caminho com menos túneis$l_{min} = l_{max}\left(\sqrt{\frac{q\psi_s}{E_g}} - \sqrt{\frac{q\psi_s}{E_g} - 1}\right)$ (4.30)

Onde, ψ_s é o potencial de superfície do isolador.

Os modelos incluídos na simulação numérica são o Modelo de Mobilidade Constante, os modelos de Recombinação e o modelo BTBT. A baixa Vg, desenvolve-se um bandgap, cortando a cauda de fermi das concentrações de portadores e desligando o TFET. Como resultado, juntamente com a corrente de deriva e o modelo SRH, a fuga da junção restringe significativamente a corrente de desligamento. Além disso, a BTBT do lado do dreno pode ocorrer durante o estado de desativação se a ligação no lado do dreno for abrupta, contribuindo ainda mais para a corrente de desativação. A corrente de dreno é a corrente de tunelamento fornecida pela BTBT do lado da fonte enquanto o dispositivo está no estado ON com V_g e V_d elevados.

4.5 Conceção do TFET:

A partir do estudo da literatura, observa-se que os parâmetros de projeto dos TFET se situam numa determinada gama, que se encontra listada na tabela 4.1. A partir destes valores, foram aplicadas várias permutações e combinações de parâmetros de processo para implementar o TFET. A partir destes valores, foram aplicadas várias permutações e combinações de parâmetros de processo para implementar o TFET.

Tabela 4.1: Geometria TFET e valores de processo da literatura

S.NO	Parâmetro	Valor
1	Concentração na fonte (p/n-tipo)	$1x10^{19}$ a $1x10^{22}$ [átomos/ cm] ^{3}
2	Concentração de drenagem (p/n-tipo)	$1x10^{19}$ a $1x10^{22}$ [átomos/ cm] ^{3}
3	Camada intrínseca (canal (tipo p/ n))	$1x10^{15}$ a $1x10^{17}$ [átomos/ cm] ^{3}
4	Comprimento efetivo da porta	47 nm a 14nm
5	SiO_2 espessura	> 2,5 nm
6	Espessura do óxido enterrado	> 3,7 nm
7	Espessura do corpo de Si	> 5nm
8	Comprimento da fonte e do dreno	40nm a 20nm
9	materiais para portões	Materiais compostos binários (grupo III-V)
10	comprimento da porta (nm)	20nm

A região da fonte é altamente dopada com p (10^{20} átomos/cm^3) e a região do dreno é altamente dopada com n (10^{19} átomos/cm^3) para reduzir a resistência em série, a região do canal é ligeiramente dopada com n (10^{16} átomos/cm^3) e a espessura efectiva do óxido (EOT) é de 1,5 nm considerada como parâmetro. Para analisar a tensão de arranque com várias configurações de espessura do canal, a função de trabalho da porta metálica é fixada em 4,125 eV, o comprimento da porta é igual ao comprimento do canal Lch e fixado em 20 nm.

4.5.1 Impacto do potencial de dreno: As caraterísticas I-V são observadas para três potenciais de dreno diferentes (Vd=0,3V,0,5V e 0,7V) em relação aos potenciais de porta e são mostradas na tabela 4.2 O comprimento da porta é considerado como 20nm e os restantes parâmetros são tomados como acima mencionado. Quando V_d aumenta, a caraterística de saída também melhora e vice-versa, como mostra a figura 4.9. Quando observamos a tendência, quer na tabela, quer na figura 4.9, compreende-se que, para uma tensão de dreno mais elevada, as caraterísticas são muito mais acentuadas do que para potenciais de dreno mais baixos, mas a corrente de desativação aumenta ligeiramente com o aumento do potencial de dreno. A partir desta análise, concluímos que a próxima análise continua com V_d =0,7V.

Tabela 4.2: Caraterísticas I-VC do TFET

	V_d =0,3V	**V_d =0,5V**	**V_d =0,7V**
V_g (V)	I_d (A/µm)	I_d (A/µm)	I_d (A/µm)
0.0	1.11×10^{-13}	1.11×10^{-13}	2.92×10^{-11}
0.1	1.17×10^{-13}	1.17×10^{-13}	2.77×10^{-11}
0.2	7.53×10^{-8}	1.33×10^{-12}	4.49×10^{-9}
0.3	5.85×10^{-9}	6.05×10^{-9}	7.23×10^{-8}
0.4	8.93×10^{-8}	8.93×10^{-9}	3.01×10^{-7}
0.5	3.44×10^{-8}	4.44×10^{-8}	8.52×10^{-7}
0.6	4.89×10^{-8}	4.89×10^{-7}	1.92×10^{-6}
0.7	8.25×10^{-8}	8.25×10^{-7}	3.28×10^{-6}
0.8	1.58×10^{-7}	8.58×10^{-7}	3.61×10^{-6}

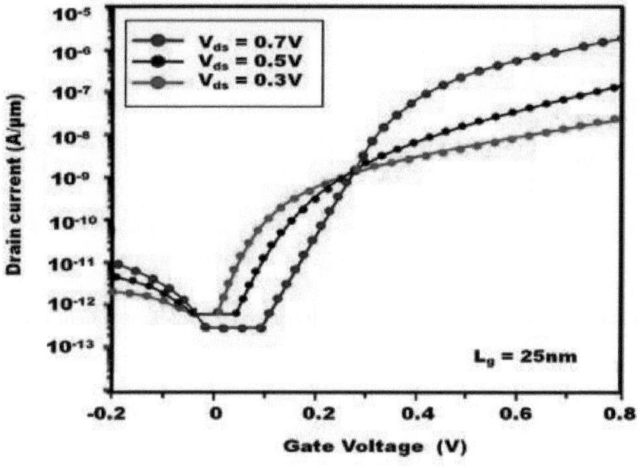

Figura 4.9: Caraterísticas I-V do TFET para diferentes potenciais de drenagem

4.5.2 Impacto do comprimento da porta: Para conhecer o impacto do comprimento da porta no desempenho do dispositivo ou nas caraterísticas do dispositivo, foram extraídas as caraterísticas para diferentes comprimentos de porta, como Lg=15nm, 20nm, 25nm,

40nm e 100nm. Os valores dos parâmetros observados para três comprimentos de porta diferentes são apresentados na tabela 4.3.

Tabela 4.3: Parâmetros do TFET em vários comprimentos de porta.

Comprimento	I_{on}	I_{off}	SS	I_{on}/I_{off}
Lg=15nm	$832x10^{-6}$	$52.63x10^{-11}$	48mV/década	15.8×10^5
Lg=20nm	$325 x10^{-6}$	$67.78x10^{-12}$	38mV/década	47.9×10^5
Lg=25nm	$1.01 x10^{-5}$	$7.1578x10^{-13}$	55mV/década	141×10^5
Lg=40nm	$6.43 x10^{-6}$	$21.3 x10^{-12}$	78mV/dec	3.01×10^5
Lg=100nm	$1.01x10^{-6}$	$7.15x10^{-12}$	73mV/dec	1.41×10^5

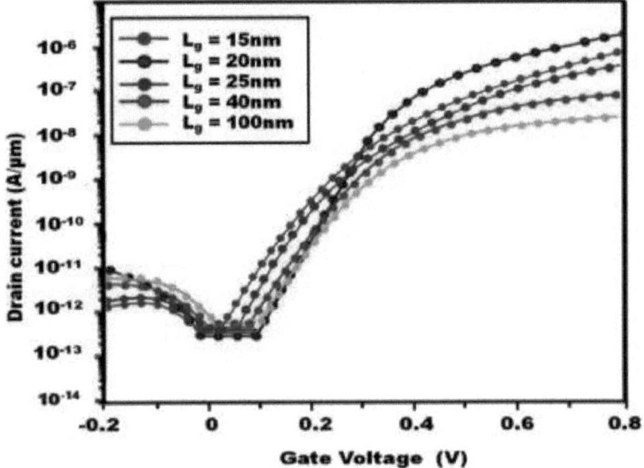

Figura 4.10: Caraterística I-V do TFET para diferentes comprimentos de porta.

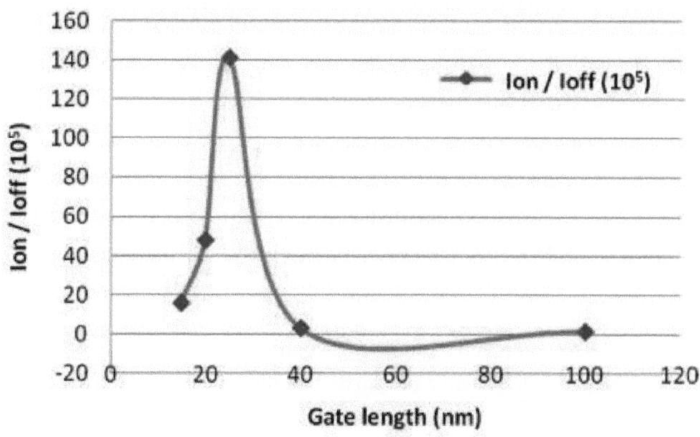

Figura 4.11: Otimizar o comprimento da porta em função da relação ião/desligamento.

O gráfico 4.10 representa as caraterísticas I-V para diferentes comprimentos de porta e o gráfico 4.11 mostra a relação corrente ligada/desligada para diferentes comprimentos de porta. Quando estes gráficos foram estudados, observou-se que quando o comprimento da porta diminui, as caraterísticas tornam-se mais acentuadas, esta tendência continuou até Lg=20nm, após o que começou a tendência inversa, pelo que o comprimento ótimo da porta é de 20nm apenas neste projeto. Assim, para o comprimento ótimo da porta, as caraterísticas I-V são extraídas e comparadas com os resultados do capítulo 3 e com a literatura na tabela 4.5.

A partir da tabela 4.1 e da análise feita na secção anterior, o comprimento optimizado da porta e os potenciais de dreno são considerados como 20nm e 0,7V, respetivamente. As especificações finais do nosso projeto encontram-se na tabela 4.4. O silício é utilizado como fonte, canal, substrato e material de dreno. O óxido de porta é composto por SiO_2. Existem outros modelos de recombinação SRH e de redução do intervalo de banda implementados no aparelho. Os efeitos quânticos são implicitamente excluídos do estudo por uma questão de simplicidade. A utilização da ferramenta TCAD para a modelação do dispositivo encontra-se em [79]. O comprimento do canal (L_{CH}) e a espessura da camada epitaxial (t_{CH}) são de 20 nm e 7 nm, respetivamente. O TFET 2D implementado no TCAD é apresentado na figura 4.12.

Tabela 4.4: Especificações do TFET proposto.

S.n.	Para metros	Valores
1	dopagem do tipo p (fonte Si)	10^{20} cm^{-3}
2	dopagem do tipo n (dreno de Si)	10^{19} cm^{-3}
3	dopagem do tipo n (canal Si-)	10^{16} cm^{-3}
4	Comprimento do portão	20nm
5	SiO_2 espessura do material	2nm
6	Espessura do óxido enterrado	3nm
7	Espessura do corpo de Si	7nm
8	Comprimento da fonte e do dreno	30nm
9	Material do portão e função de trabalho.	(Al)/ 4,125eV

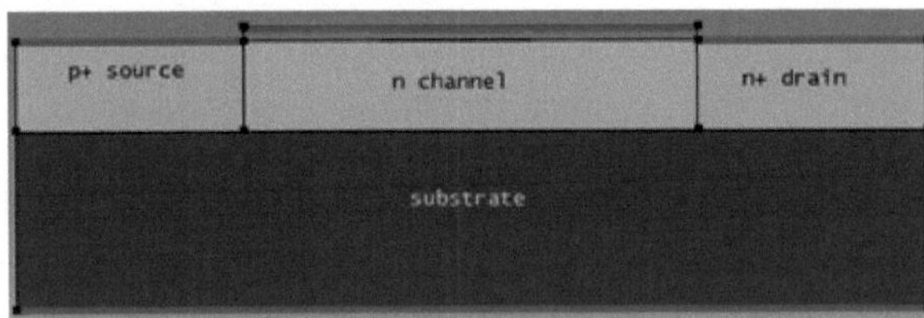

Figura 4.12: TFET 2D na ferramenta TCAD.

Tabela 4.5: Comparação dos parâmetros de desempenho do TFET

Parâmetro	[40]	[71]	[75]	[80]	[81]	O nosso FinFET	O nosso TFET
I_{on} (μA/μm)	180	1.44	0.189	1.9	1.5×10^{-4}	325.4	18.3
I_{off} (pA/μm)	$1.24x10^{-6}$	$0.45x10^{-3}$	$2.7x10^{-5}$	$2.0x10^{-5}$	10^{-6}	$67.75x10^{-3}$	1.98
I_{on} / I_{off}	$1.46x10^{11}$	3.22×10^{9}	6.8×10^{11}	$9.5x10^{10}$	$1.5x10^{8}$	$4.79x10^{3}$	$9.24x10^{6}$
SS (mV/dec)	40	59.8	43	79.8	59	73	38

4.6 TFET DE PORTA DUPLA (DGTFET)

Os TFET de porta única têm vantagens como a elevada fiabilidade e o baixo custo. No entanto, o TFET de porta única apresenta uma corrente no estado ligado relativamente baixa em comparação com o MOSFET e o FinFET devido à taxa BTBT limitada [82-84]. Para desenvolver o potencial do TFET de porta única, foram propostas várias estruturas inovadoras de TFET para aumentar a corrente no estado ativo. O TFET de porta dupla

(DG TFET) apresenta uma taxa BTBT melhorada, o que leva a um aumento da corrente no estado ativo [85-87]. Contudo, a corrente ambipolar do DG TFET também aumenta, uma vez que a melhoria da taxa BTBT também é activada no estado ambipolar [88]. Para ultrapassar a corrente ambipolar, deve ser introduzida uma assimetria entre a fonte e o dreno [89]. Os TFETs DG com sobreposição portão-dreno e menor concentração de dopagem no dreno são métodos comuns para aliviar o problema ambipolar [90-92]. Mas a sobreposição porta-dreno requer uma maior distância S/D e uma menor concentração de dopagem do dreno aumenta as resistências em série [88]. Os efeitos ambipolares no TFET com sobreposição de dreno podem ser aliviados utilizando espaçadores de baixo K e colocando os contactos na configuração superior e inferior [88], sugerindo que as estratégias de assimetria combinadas podem ser significativas para melhorar o desempenho do TFET.

No capítulo anterior, foi demonstrado que o FinFET com assimetria na largura das aletas melhora o desempenho do FinFET [93]. Acredita-se também que a espessura do canal 't_{si} ' tem um impacto significativo na taxa de BTBT do DG TFET [94]; assim, a assimetria entre a espessura da fonte e a espessura do dreno pode aliviar ainda mais a corrente ambipolar e precisa de ser estudada em pormenor. Em vários desempenhos do DG TFET com espessura de canal escalonada (SC TFET), a assimetria entre a fonte e o dreno é introduzida através da espessura de canal escalonada, pelo que se espera que a corrente ambipolar seja reduzida.

A espessura efectiva do óxido (EOT) é de 1,5 nm na nossa simulação. A região da fonte é altamente dopada com p (10^{20} atoms/cm^3) e a região do dreno é altamente dopada com n (10^{19} atoms/cm^3) para reduzir a resistência em série, a região do canal é ligeiramente dopada com n (10^{16} atoms/cm^3). Para analisar a tensão de arranque com várias configurações de espessura do canal, a função de trabalho da porta metálica é fixada em 4,125 eV, o comprimento da porta é igual ao comprimento do canal L_{ch} e fixado em 20 nm. As simulações são efectuadas utilizando o Sentaurus TCAD. São também utilizados os modelos estatísticos Fermi-Dirac (FDS), Shockley-Read-Hall (SRH) e de recombinação Auger. A fim de ter em conta as regiões de fonte/dreno altamente dopadas, é ativado o modelo de estreitamento do intervalo de banda. O modelo BTBT não local baseado na aproximação de Wentzel-Kramer-Brillouin (WKB), sintonizado com os resultados experimentais de [95], e o modelo de quantização do gradiente de densidade são activados para obter uma simulação precisa. A tensão de início é definida como a tensão de porta na qual a inclinação subliminar é máxima. A SS média é extraída da corrente fora de estado para $I_d = 10^{-11}$ A/μm.

4.6.1 Construção: A construção do dispositivo DGTFET é igual à do TFET de porta única, mas a principal diferença do DGTFET é que a função de trabalho das portas metálicas (Φ_m) é de 4,6 eV usando uma camada de SiO_2 de 3 nm, espaçador (HfO_2) espessura 7nm. A porta frontal deste dispositivo é frequentemente ligada à parte superior, enquanto a porta traseira é normalmente ligada à parte inferior. A Figura 4.13 mostra os componentes principais de um TFET DG de canal n. Uma vez que existem dois canais através dos quais a corrente pode fluir, o I /I_{ONOFF} e o SS melhoraram sob controlo de porta dupla.

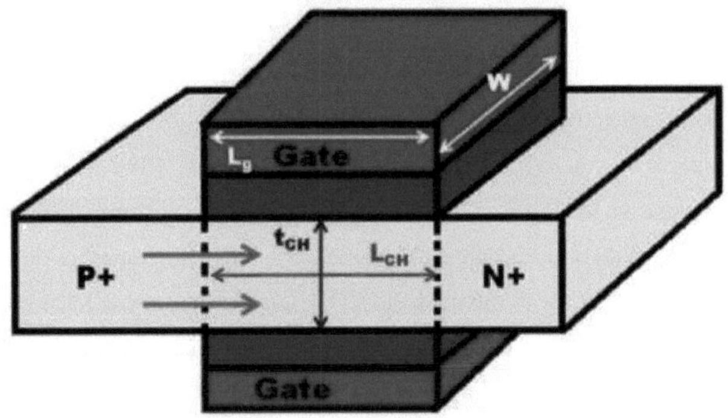

Figura 4.13.TFET de porta dupla.

4.6.2 Funcionamento e caraterísticas do dispositivo

Como o princípio de funcionamento dos TFET é a BTBT modulada por porta, o controlo da porta sobre a superfície do canal é um fator crucial para determinar o desempenho do dispositivo. A investigação sobre os TFET está mais centrada na estrutura DG do que na estrutura de porta única. Ao passar de um projeto SG para um plano DG, os TFET beneficiarão do controlo adicional que a segunda porta oferece, resultando numa duplicação mínima da corrente. Em contrapartida, a corrente de desativação aumenta quase pelo mesmo fator, mas permanece extremamente baixa, e a eficácia do dispositivo não sofre qualquer degradação. O fenómeno de tunelamento ocorre muito abaixo da superfície, resultando numa corrente de drenagem baixa em comparação com os TFETs convencionais. No entanto, com uma polarização de porta elevada, o tunelamento ocorre na superfície da junção fonte-canal. Devido à presença de ambas as superfícies laterais, a corrente de descarga do DG TFET é aproximadamente o dobro da do seu homólogo convencional.

4.6.3 Modelo de potencial de superfície

A estrutura do TFET de porta dupla (DG) é apresentada na figura 4.13. O dispositivo tem um comprimento de canal de L_{CH} , uma espessura de película de silício de T_{Si} , uma espessura de óxido de T_{ox} e uma dopagem de corpo de N_A . O dispositivo DGTFET tem dois canais, um na interface superior silício-óxido e outro na interface inferior silício-óxido. Uma vez que o dispositivo é simétrico, estudaremos apenas um dos dois canais e utilizaremos os mesmos resultados para o outro canal. Começamos por utilizar a aproximação do potencial parabólico (4.2) num DG TFET.

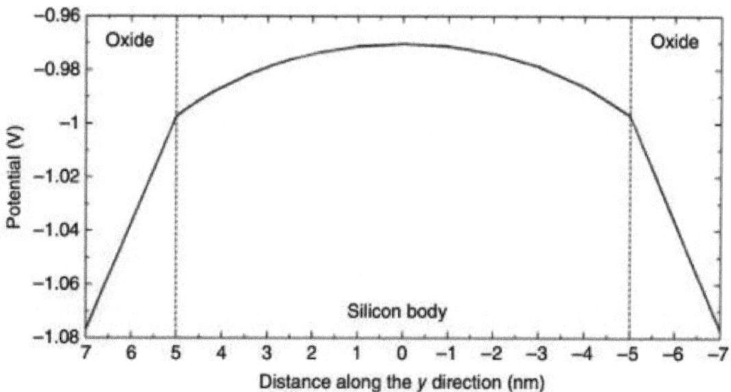

Figura 4.14: Distribuições de potencial ao longo da direção y num DG TFET.

A Figura 4.14 mostra o potencial ao longo da direção y no DG TFET. A partir desta figura, podemos observar que a distribuição de potencial na direção y num DG TFET tem as seguintes condições de fronteira:

O campo elétrico no centro do corpo (y=0) é igual a zero, ou seja

$$\left.\frac{\partial \Phi_S(x,y)}{\partial y}\right|_{y=0} = 0 \quad (4.31)$$

O potencial na interface Si-SiO_2 (ou seja, y = t_{Si} /2) é igual ao potencial de superfície (Φ_s (x)) e é

$$\Phi_s\,(x,t_{si}/2)=\Phi_s(x) \quad (4.32)$$

O deslocamento do campo elétrico é contínuo ao longo da interface Si-SiO_2, o que dá

$$\left.\frac{\partial\Phi_s(x,y)}{\partial y}\right|_{y=tsi/2} = -\frac{C_{ox}}{\varepsilon_{si}}(\Phi_G - \Phi_s(x)) \quad (4.33)$$

em queΦ_G é o potencial de porta e é dado por$\Phi_G = V_{gs} - V_{FB}$. V_{FB} é a tensão de banda plana e depende da função de trabalho da porta. Note-se que as condições de fronteira acima referidas são diferentes das condições de fronteira dadas pelas equações (4.5(a)) a (4.5(c)) para um TFET de porta única. Utilizando as equações (4.31) a (4.33), obtêm-se os coeficientes C_0 (x), C_1 (x) e C_2 (x) na equação (4.2).

$$C_0\,(x)=\Phi_s(x)\left(1+\frac{C_{ox}t_{si}}{4\varepsilon_{si}}\right)-\frac{\Phi_G t_{ox}}{4t_{si}} \quad (4.34)$$

$$C_1\,(x)=0 \quad (4.35)$$

$$C_2\,(x)=\frac{C_{ox}(\Phi_G-\Phi_{s(x)})}{4t_{si}\varepsilon_{si}} \quad (4.36)$$

Substituindo estes coeficientes na equação de Poisson 2D (4.1), obtém-se a equação diferencial de segunda ordem do potencial de superfície

$$\frac{\partial^2\Phi_s(x)}{\partial x^2}-\frac{2C_{ox}}{T_{si}\varepsilon_{si}}\Phi_s(x)=\frac{qN_s}{\varepsilon_{si}}-\frac{2C_{ox}}{T_{si}\varepsilon_{si}}\Phi_G \quad (4.37)$$

Esta equação é idêntica à equação 4.8 derivada para o TFET de porta única, mas a diferença reside nos coeficientes $\Phi_s(x)$ e Φ_G. Assim, a solução final do DG TFET para o potencial de superfície tem a mesma forma que as equações 4.18 e 4.22 do TFET de porta única, com uma alteração no parâmetro L_C (ou seja, o comprimento caraterístico).

Para DG TFET, $L_c = \sqrt{T_{ox}T_{si}\varepsilon_{si}/2\varepsilon_{ox}}$

Os dois principais factores que contribuem para o aumento da corrente de drenagem observada nos TFETs de porta dupla (DG-TFETs) em comparação com os TFETs de porta única: o dobro dos canais condutores: Os DG-TFET têm duas portas que controlam o canal em ambos os lados do corpo fino. Isto cria essencialmente dois canais paralelos para o fluxo de corrente, em comparação com o canal único de um TFET de porta única. Com dois canais disponíveis, a corrente de drenagem global pode potencialmente duplicar. Comprimento efetivo do canal reduzido (Lc): O comprimento efetivo do canal (Lc) refere-se à região onde a porta pode controlar eficazmente a corrente de tunelamento. Num DG-TFET, devido à presença de portas em ambos os lados, o controlo eletrostático sobre o canal é mais forte. Este controlo mais forte permite um comprimento de canal efetivo mais curto em comparação com um TFET de porta única com o mesmo comprimento físico de porta. Um comprimento de canal efetivo mais curto pode geralmente conduzir a uma corrente de drenagem mais elevada para uma dada tensão de porta. Estes dois factores, a presença de dois canais e um comprimento de canal efetivo reduzido, funcionam em conjunto para amplificar significativamente a corrente de drenagem nos DG-TFET em comparação com os seus homólogos de porta única. O texto sugere que a corrente de drenagem pode potencialmente ser mais do dobro da de um TFET de porta única, assumindo que todos os outros parâmetros do dispositivo permanecem os mesmos.

I_{max} nas equações (4.29) e (4.30) depende do N_a bem como do E_g , em que o I_{min} se refere ao potencial de superfície suplementar com o V . gs

$$\text{E Vgs é dado por } V_{gs} = V_{FB} + \Phi_s - \gamma\sqrt{\Phi_s} \qquad (4.38)$$

$$\text{Em que } \gamma \text{ é o coeficiente de efeito de corpo, } \gamma = \sqrt{2\varepsilon q N_a}/C_g \qquad (4.39)$$

$$\text{Depois de resolver, } \Phi_s = \left[-(\varepsilon/\varepsilon_{ox})t_{ox}\sqrt{\frac{qN_a}{2\varepsilon}} + \sqrt{\frac{\left[(\varepsilon/\varepsilon_{ox})t_{ox}\right]^2 qN_a}{2\varepsilon} + (V_{gs} - V_{FB})} \right]^2$$

(4.40)

O rácio I_{max} / I_{tun} deve ser significativamente superior a 1. Por conseguinte, aproxime o I_{tun} em (4.28) como

$$I_{tun} \cong q\frac{AN_aE_g^{1/2}I_{max}^4}{4\varepsilon}\int_{I_{min}}^{I_{max}}\left(1 - \frac{1}{I_{tun}^4}\right).\exp\left(-BqE_g^{1/2}I_{tun}\right)dI_{tun} \qquad (4.41)$$

O termo exponencial em 4.41 difere gradualmente para os TFET de baixo intervalo de banda em comparação com o fator pré-exponencial devido ao pequeno E .g

$$I_{tun} \cong q\frac{AN_aE_g^{1/2}I_{max}^4}{4\varepsilon}.\frac{1}{3I_{tun}^3}.\exp\left(-BqE_g^{1/2}I_{tun}\right)\Big|_{I_{min}}^{I_{max}} \qquad (4.42)$$

O TFET de baixo desnível de banda I_{tun} é aproximado como

$$I_{tun} \cong \frac{AqN_aE_g^{1/2}}{12\varepsilon}.\frac{I_{max}^4}{I_{tun}^3}\exp(-BqE_g^{\frac{1}{2}}I_{min}) \qquad (4.43)$$

O termo exponencial em (4.41) muda gradualmente em TFETs de elevado intervalo de banda do que o fator pré-exponencial.

A corrente de hiato de banda elevado do TFET é

$$I \cong \frac{AN_a}{4B\varepsilon}.\left(\frac{I_{max}}{I_{min}}\right)^4.\exp(-BqE_g^{\frac{1}{2}}I_{min}) \quad (4.44)$$

Em circunstâncias de sublimiar, o SS reduz-se à medida que a concentração da fonte aumenta; as soluções de compromisso envolvidas nas correntes SS e I_{ON} / I_{OFF} exigem a otimização da concentração da fonte nos TFET de baixo intervalo de banda.

4.6.4 Conceção do DGTFET:

Para os projectos de DGTFET, os parâmetros geométricos e de processo que considerámos para o TFET de porta única são os mesmos que considerámos aqui, com exceção de duas portas. A modelação da recombinação SRH, a concentração, a mobilidade dependente do campo elétrico, um modelo ARH e um estreitamento do intervalo de banda são todos componentes do TCAD neste BTBT não local, como mostra a figura 4.15.

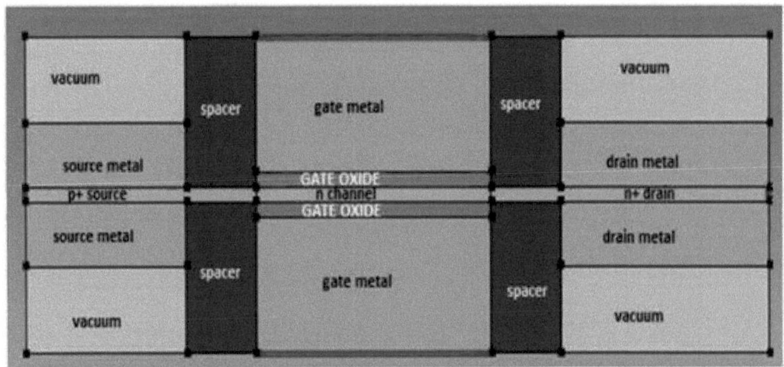

Figura 4.15: Vista 2D do DG TFET na ferramenta TCAD.

A Figura 4.16 mostra que o potencial de superfície muda ao longo do canal dependendo da tensão de porta (V_{gs}). O gráfico mostra que o potencial de superfície da região do canal é constante fora das áreas de junção da fonte e do dreno e aumenta em resposta a uma tensão de porta aplicada.

4.6.5 Caraterísticas I-V:

O TFET de porta dupla é concebido com as mesmas concentrações de dopagem, espessuras e dimensões utilizadas na conceção do TFET de porta única. A única diferença são as duas portas e os espaçadores utilizados entre a fonte e o canal e o dreno e o canal.

O potencial de dreno e os comprimentos de porta são também os mesmos para ambos os dispositivos enquanto são simulados para as curvas I-V. As métricas de desempenho de ambos os dispositivos são examinadas e colocadas na tabela 4.6.

Tabela 4.6: Comparação entre TFET e DGTFET

S.N.	Parâmetros	SGTFET	DGTFET
1	I_{on} (μA/m)	18.3	17.9
2	I_{off} (A/m)	$1.98x10^{-12}$	$2.43x10^{-15}$
3	SS(mV/dec)	38	34.54

A Figura 4.16 compara as caraterísticas de transferência do TFET de porta única e do TFET de porta dupla com espaçadores. Verifica-se que as caraterísticas de transferência de ambos os dispositivos são semelhantes para os potenciais de porta positivos.

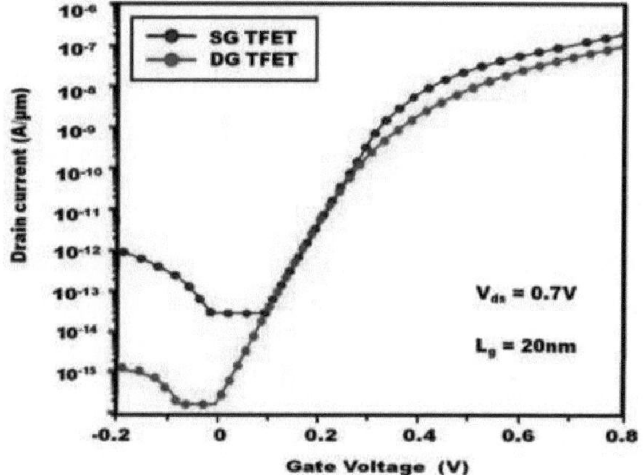

Figura 4.16: Caraterísticas I- V do DG-TFET e do SGTFET para V_d =0,7 V e Lg=20nm.

E a adição de uma porta extra juntamente com espaçadores não afecta os valores de I_{on} e SS. No entanto, para tensões de porta negativas, note-se que a corrente ambipolar diminuiu de 10^{-6} (A/m) no TFET de porta única para 10^{-15} (A/m) no TFET de porta dupla. Assim, a corrente ambipolar reduziu-se numa ordem de grandeza de 9. Os resultados da comparação com a literatura são apresentados na tabela 4.7.

Tabela 4.7: Comparações da DGTFET proposta com os modelos existentes

Parâmetros	I_{on} (A/µm)	I_{off} (A/µm)	SS(mV/dec)	Ião/desligado (A)
Ref [36]	$6.2x10^{-6}$	$0.3x10^{-18}$	32	$20.6x10^{12}$
Ref [96]	$10x10^{-6}$	$4.3x10^{-18}$	35	$2.32x10^{12}$
Ref [97]	$254x10^{-6}$	$1.0x10^{-9}$	41.54	$1 x10^{6}$
Ref. [98]	$1.5x10^{-10}$	$1x10^{-18}$	59	$1.5 x10^{8}$
Ref [99]	$0.1x 10^{-6}$	10^{-16}	142	$1x10^{9}$
Ref [100]	$1.2x 10^{-6}$	10^{-14}	46	$1.2x10^{8}$
Prop DGTFET	**$17.9x10^{-6}$**	**$2.43x10^{-15}$**	**34.54**	**$7.3 x10^{9}$**

4.7 CONCLUSÃO E LIMITAÇÕES

A partir dos resultados, observa-se que o DGTFET concebido neste capítulo reduz a corrente fora de estado de 67,75 x 10^{-3} (A/µm) no capítulo-3 FinFET para 2,43 x 10^{-15} (A/µm) do DGTFET concebido neste capítulo. Além disso, o valor SS melhorou de 73mV/dec no FinFET para 34mV/dec no DGTFET.

- O valor SS melhorou 55% neste projeto em relação ao FinFET
- A corrente de desativação é reduzida de 67,75 x 10^{-3} (A/µm) para 2,43 x 10^{-15} (A/µm)

LIMITAÇÕES: A partir dos resultados, observa-se que o TFET exibe uma oscilação de sublimiar melhorada e baixa corrente de fuga em comparação com o Fin FET, mas o principal contratempo é a baixa corrente de acionamento, ou seja, a corrente ligada é reduzida pelo fator 18 do FinFET. Para superar as limitações do FinFET e do TFET, introduzimos um novo dispositivo chamado dispositivo híbrido no próximo capítulo.

CAPÍTULO- 5
MODELAÇÃO DE DISPOSITIVOS HÍBRIDOS

CAPÍTULO- 5

MODELAÇÃO DE DISPOSITIVOS HÍBRIDOS

Neste capítulo, é proposto um novo dispositivo que reúne as vantagens do FinFET e do TFET. No capítulo 3 é projetado o FinFET e no capítulo 4 o TFET. Nem os FinFET nem os TFET, nas suas formas convencionais, conseguem atingir as especificações pretendidas para a aplicação pretendida. Por conseguinte, este capítulo propõe uma nova conceção de dispositivo que tenta colmatar a lacuna e incorporar os aspectos positivos de ambas as tecnologias.

5.1 NECESSIDADE DE UM NOVO DISPOSITIVO

O capítulo 4 destacou o desafio significativo de melhorar a corrente de ativação nos TFET. Embora os TFET ofereçam geralmente um bom controlo da corrente de saída (corrente de fuga), a sua corrente de entrada continua a ser um fator limitante. Desejo de melhorar ainda mais a oscilação de sublimiar (SS) dos TFET. O SS é um parâmetro que reflecte a rapidez com que o dispositivo transita do estado desligado para o estado ligado. Embora seja desejável um SS mais baixo, alcançá-lo apenas através da redução da corrente de fuga pode não ser suficiente.O rácio ligado/desligado ($I\ /I_{onoff}$) é uma métrica crucial para o desempenho do transístor. Ele compara a corrente ligada com a corrente desligada. A simples redução da corrente de desativação pode não melhorar significativamente o rácio ligado/desligado se a corrente de ativação se mantiver baixa, o que enfatiza a necessidade de uma nova estrutura TFET que vá além da simples gestão da corrente de desativação. Esta nova estrutura deve idealmente oferecer uma forma de melhorar significativamente a corrente ligada dos TFETs, mantendo simultaneamente um bom controlo da corrente desligada. Ao abordar ambos os aspectos, a nova estrutura poderia levar a um aumento substancial da relação ligado/desligado e do desempenho global do dispositivo.

5.1.1 CONSTRUÇÃO DO DISPOSITIVO HÍBRIDO

A Figura 5.1 apresenta uma nova conceção de dispositivo que se baseia nos princípios dos FinFET (Capítulo 3) e dos TFET (Capítulo 4). Esta abordagem combinada tem por objetivo resolver as limitações de cada tecnologia individual.

Processo de construção: A base começa com um substrato de silício, semelhante aos transístores convencionais. Uma camada de óxido enterrado (SOI) é depositada no substrato de silício utilizando técnicas como a deposição química de vapor (CVD), litografia e gravação. Esta camada serve de isolador e ajuda a confinar o canal do dispositivo. Em seguida, é criada uma fina aleta de silício no topo da camada SOI. Esta estrutura de aletas é semelhante à utilizada nos FinFETs (Capítulo 3).

Dopagem da fonte e do dreno: Um lado da aleta é fortemente dopado com dopantes do tipo n para formar a região da fonte, enquanto o outro lado é dopado com dopantes do tipo p para formar a região do dreno. Isto estabelece o caminho básico do fluxo de corrente.

Integração da camada intrínseca: Inspirada nos TFETs (Capítulo 4), é introduzida uma camada de silício intrínseca (não dopada), moderadamente dopada, na região central e estreita da aleta. Esta camada intrínseca desempenha um papel crucial no mecanismo de tunelamento.

Deposição de óxido de porta e de metal: Uma fina camada de óxido de porta, com uma constante dieléctrica inferior à do silício, é depositada sobre a região da camada intrínseca. Este óxido actua como um isolador entre o elétrodo de porta e o canal. Finalmente, é depositado um metal de porta sobre a camada de óxido de porta para formar a porta de controlo.

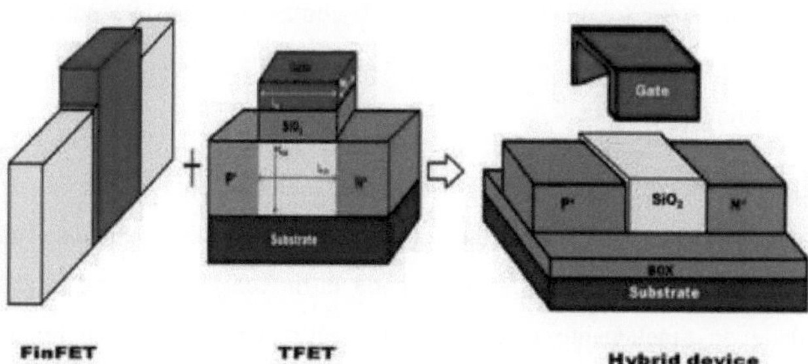

Figura 5.1: Ideia básica do modelo de dispositivo híbrido

Vantagens do corpo fino e do dielétrico de baixo k:**Corpo fino**: O corpo fino de silício permite um melhor controlo da porta sobre o canal, conduzindo potencialmente a um melhor desempenho do dispositivo. Esta caraterística é semelhante à dos FinFETs. **Dielétrico de baixo k**: O óxido de porta com uma constante dieléctrica inferior à do silício ajuda a reduzir os efeitos de canal curto (SCEs) no dispositivo. Isto é importante para manter um bom desempenho do dispositivo, especialmente em dimensões mais pequenas.

As duas vantagens potenciais do dispositivo proposto: **Melhoria do tunelamento do canal**: O projeto visa melhorar a eficiência do tunelamento de portadores na interface fonte-canal. Isto pode levar a uma maior corrente de ligação em comparação com os

TFETs convencionais: A estrutura de aletas permite um controlo eficaz da porta sobre o potencial do canal, mesmo com uma tensão de drenagem constante. À medida que a tensão da porta aumenta (Vgs aumenta), a barreira de potencial do canal é ainda mais reduzida, levando a uma maior área de tunelamento (condução) na junção fonte-canal. Este controlo reforçado pode contribuir para um melhor desempenho do dispositivo.

5.2 FUNCIONAMENTO

Um novo design de dispositivo com uma estrutura P-I-N (source-intrinsic-drain), como mostrado na figura 5.2. Este dispositivo utiliza conceitos de TFETs (Capítulo 4) e FinFETs (Capítulo 3) para atingir as caraterísticas desejadas. À semelhança dos TFETs discutidos no Capítulo 4, este dispositivo emprega uma estrutura P-I-N e baseia-se no tunelamento banda-a-banda como mecanismo de condução primário. A camada intrínseca desempenha um papel vital na ativação deste processo de tunelamento. A porta neste projeto funciona de forma semelhante a uma porta FinFET (Capítulo 3). O texto em [101] sugere que uma disposição estratégica da estrutura de aletas sobre a camada intrínseca pode aumentar a área de condução do canal. O texto em [101] sugere que uma disposição estratégica da estrutura de aletas sobre a camada intrínseca pode aumentar a área de condução do canal, o que potencialmente leva a uma taxa de tunelamento mais elevada, o que é crucial para melhorar a corrente no dispositivo.

A aplicação de uma tensão à porta pode influenciar o alinhamento das bandas de energia no interior do dispositivo. Este alinhamento, particularmente entre a banda de valência da fonte (VB) e a banda de condução da camada intrínseca (CB), afecta diretamente a probabilidade de tunelamento e, em última análise, controla o comportamento de comutação (estado ligado/desligado) do dispositivo. Embora a manipulação das energias das bandas seja crucial para dispositivos de tunelamento eficientes, não é o único fator. A modulação da distância de tunelamento também é importante. No estado desligado, existe uma maior distância de tunelamento entre a fonte e o canal. Idealmente, no estado ligado, esta distância deve ser significativamente reduzida. No entanto, se a distância se tornar demasiado pequena, pode levar a uma situação em que a corrente ligada e a corrente desligada se tornam comparáveis, resultando num rácio ligado/desligado fraco.

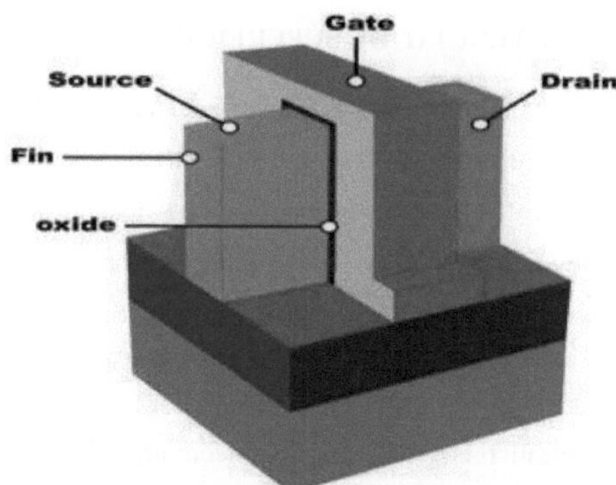

Figura 5.2: Diagrama estrutural do dispositivo híbrido

A chave para o fluxo de corrente está no tunelamento banda a banda entre a fonte e a região intrínseca do canal. O texto enfatiza que o alinhamento (ou desalinhamento) da banda de condução do canal (CB) e da banda de valência da fonte (VB) determina se o tunelamento pode ocorrer efetivamente. Os dois factores chave governam este alinhamento e, consequentemente, o processo de tunelamento:

Estrutura da aleta: A conceção e a disposição da estrutura de aletas desempenham um papel crucial [102]. Esta conceção influencia provavelmente a distribuição do campo elétrico no interior do dispositivo, afectando a flexão e o alinhamento das bandas.
Material da camada intrínseca: O material escolhido para a camada intrínseca também afecta a sua estrutura de bandas e a forma como interage com as regiões de fonte e dreno.

Estado desligado (Vgs = 0V): Quando nenhuma tensão é aplicada à porta (Vgs = 0V), existe uma barreira de potencial significativa no canal. Esta barreira elevada impede a BTBT, resultando numa corrente de tunelamento mínima. O dispositivo está essencialmente no estado desligado, mas uma corrente de fuga muito pequena (I_{off}) pode ainda fluir. No entanto, esta corrente de fuga é significativamente mais baixa do que as correntes de fuga típicas dos transístores convencionais.
Estado ligado ($V_{gs} > V_{th}$): Quando a tensão de porta (V_{gs}) excede a tensão de limiar (V_{th}), a barreira de potencial dentro da camada intrínseca diminui. Simultaneamente, o CB do canal é empurrado para cima, alinhando-se potencialmente com o VB da região da fonte. Este alinhamento cria um canal condutor, permitindo que os portadores da fonte façam um túnel para o canal através da BTBT. Esta corrente de tunelamento constitui a corrente de estado ativo do dispositivo.

5.3 MODELO DE POTENCIAL DE SUPERFÍCIE

A equação fundamental utilizada para esta análise é a equação de Poisson 3D (Equação 5.23), que relaciona a distribuição do potencial elétrico com a densidade de carga no interior do dispositivo[103]. Os parâmetros-chave incluídos nesta equação sãoq: densidade de portadores de carga, N_A : concentração de dopagem dos átomos aceitadores (provavelmente na região do tipo p), t_{si} : Espessura da aleta na direção x, W_{fin} : Largura da aleta na direção z, H_{fin} : Altura da aleta na direção y e ε: Permissividade do silício

Uma vez que o dispositivo híbrido é construído com uma aleta e a aleta é dopada como um FET sintonizado, deduzimos o modelo de potencial de superfície do dispositivo híbrido. Para resolver a equação de Poisson 3D para este dispositivo híbrido, combinámos abordagens de modelação de FinFET (Capítulo 3) e TFET (Capítulo 4). A estrutura 3D do dispositivo é simplificada em duas representações 2D (simétrica e assimétrica) para maior eficiência computacional. O objetivo é determinar a distribuição do potencial de superfície no interior do dispositivo. Assim, os modelos de potencial de superfície para FinFET (Equações 3.10 a 3.40) e TFET (Equações 4.1 a 4.28) são provavelmente adaptados e combinados para se adequarem à estrutura única do dispositivo híbrido. A Figura 5.3 é considerada para a explicação.

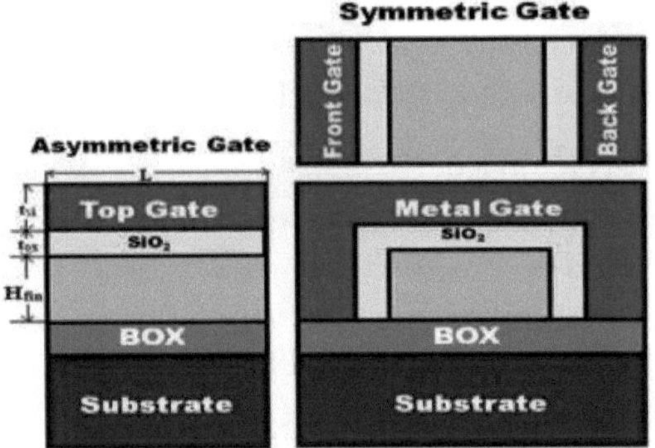

Figura 5.3: Estrutura do dispositivo híbrido 3D dividida em estruturas 2D simétricas e assimétricas.

O potencial de superfície $\Phi(x,y,z) = \frac{W_{fin}}{W_{fin}+2H_{fin}}\Phi_{asm}(x,y) + \frac{2H_{fin}}{W_{fin}+2H_{fin}}\Phi_{sm}(y,z)$(5.1)

O campo elétrico é $E(x,y,z) = \frac{W_{fin}}{W_{fin}+2H_{fin}}E_{asym}(x,y) + \frac{2H_{fin}}{W_{fin}+2H_{fin}}E_{sym}(y,z)$ (5.2)

E a corrente de túnel é dada por

$$I_{tunnel} = q\int G_{BTBT}dV = q\int \mathcal{A}\frac{|E(x,y,z)|^{D_1}}{E_g^{1/2}}\exp\left(-\mathfrak{B}\frac{E_g^{3/2}}{|E(x,y,z)|}\right)dV \quad (5.3)$$

$$\mathcal{A} = \frac{q^2\sqrt{2m_{tunel}}}{h^2\sqrt{E_g}};\ \mathfrak{B} = \frac{\pi^2 E_g^{3/2}\sqrt{m_{tunnel}/2}}{qh};\ m_{tunnel} = \frac{m_0 m_e m_h}{m_e+m_h};$$

O mecanismo de tunelamento é descrito utilizando o modelo de Kane, em que "A" e "B" representam parâmetros específicos do modelo. O campo elétrico (E) é considerado um campo localizado e restrito, denotado por E_{avg} . O modelo também incorpora as massas efectivas dos electrões (m_e) e dos buracos (m_h).

5.3.1Resultados analíticos do Potencial de Superfície:

Foi desenvolvido um modelo analítico para prever a distribuição de potencial e as propriedades eléctricas na estrutura 3D do dispositivo híbrido. As equações (5.1) e (5.2) constituem a base matemática deste modelo. Para compreender como o potencial muda ao longo do canal, a Tabela 5.1 apresenta os valores de potencial calculados em várias coordenadas x, y e z dentro do dispositivo. Esses cálculos são baseados na equação (5.2) com uma largura de aleta fixa (W_{fin}) de 10 nm.

Tabela 5.1: Potencial versus posições do comprimento do canal (eixo y) para diferentes posições x e z onde W =10nm.$_{fin}$

x=0; z=0;		x=t_{si} /2; z=0		x=t_{si} ; z=0	
Distância do canal (nm)	Potencial Φ(x,y,z) (V)	Distância do canal (nm)	Potencial Φ(x,y,z), (V)	Distância do canal (nm)	Potencial Φ(x,y,z), (V)
0.0	-0.056	0.1	-0.15	0.39	-0.07
0.4	0.031	0.7	-0.05	1.0	0.03
1.2	0.13	1.5	0.06	1.9	0.12
2.0	0.24	2.3	0.17	2.7	0.20
3.3	0.32	3.7	0.29	4.1	0.28
5.1	0.37	6.1	0.37	5.6	0.34
7.2	0.41	8.6	0.40	7.5	0.37
11.3	0.43	11.3	0.41	10.0	0.4
18.4	0.44	19.3	0.43	18.4	0.42
20	0.44	21	0.43	21	0.42

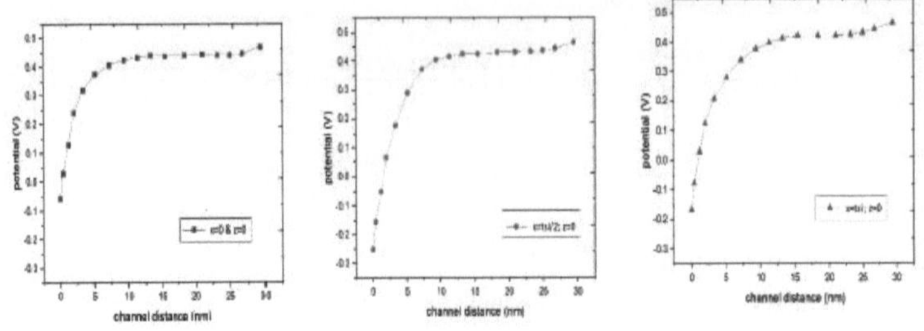

Figura 5.4: Modelo analítico da distribuição de potencial 3D ao longo de diferentes posições do canal em (a) x=0;z=0; (b) $x=t_{si}/2$;z=0; (c) $x=t_{si}$;z=0;

A Figura 5.4 (a), (b) e (c) ilustram a distribuição de potencial dentro do canal para vários comprimentos e espessuras de canal. A coordenada z é mantida em zero para estes gráficos. Os resultados indicam que, à medida que a espessura do canal diminui, a distribuição de potencial no interior do canal aumenta.

5.3.2Resultados analíticos do campo elétrico:

Substituindo os valores de potencial calculados a partir da equação 5.2 na equação do campo elétrico adequada, foi determinada a distribuição do campo elétrico no interior do dispositivo. Foi realizada uma simulação numérica 3D para determinar o perfil do campo elétrico. Os resultados desta simulação são visualizados na Figura 5.5. O eixo y desta figura representa o comprimento do canal, enquanto os eixos x e z definem as dimensões espaciais da secção transversal do dispositivo. Para obter a distribuição do campo elétrico, os valores de potencial previamente calculados (a partir das equações 5.1 e 5.2) foram substituídos na equação do campo elétrico adequada. Isto permitiu uma compreensão abrangente da variação do campo elétrico no canal do dispositivo.

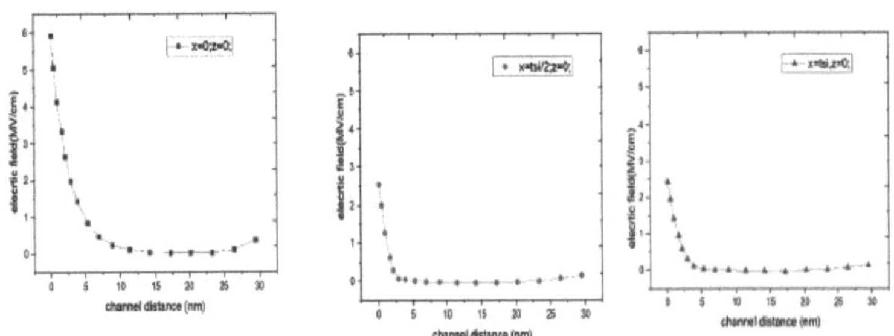

Figura 5.5: Curvas analítico-campo elétrico ao longo do comprimento do canal em (a) x=0; z=0; (b) x=t_{si} /2; z=0; (c) x=t_{si} ; z=0;

5.4 RESULTADOS DA SIMULAÇÃO

Tal como referido nos capítulos 4 e 5, são considerados o projeto e os parâmetros do dispositivo. O óxido enterrado tem uma espessura de 2 nm, o comprimento da porta é de 20 nm, o óxido da porta tem uma espessura de 3 nm, e a dopagem P nas regiões da fonte é $N_D = 5\times10^{19}$ cm^{-3} , e a dopagem N no dreno e no canal é $N_A = 5\times10^{18}$ cm^{-3} , e $N_A = 10^{17}$ cm^{-3} , respetivamente; As alhetas têm uma altura de 20 nm (H_{fin}) e uma largura de 40 nm (W_{fin}). A espessura do corpo de silício e a espessura da porta metálica são ambas de 7 nm. O metal de porta de alumínio com função de trabalho de 4,125 eV é considerado aqui. A validade e a correção deste modelo foram verificadas utilizando uma ferramenta de simulação TCAD em três dimensões.

Para a simulação do sistema proposto, foram utilizados o modelo de Kane, os modelos de recombinação Auger e Shockley-Read-Hall (SRH) e o protótipo de redução do intervalo de banda. Com base nos parâmetros acima especificados, o dispositivo híbrido de metal único foi projetado no Sentaurus TCAD e gerou-se um diagrama de malha do dispositivo híbrido, como mostra a figura 5.6.

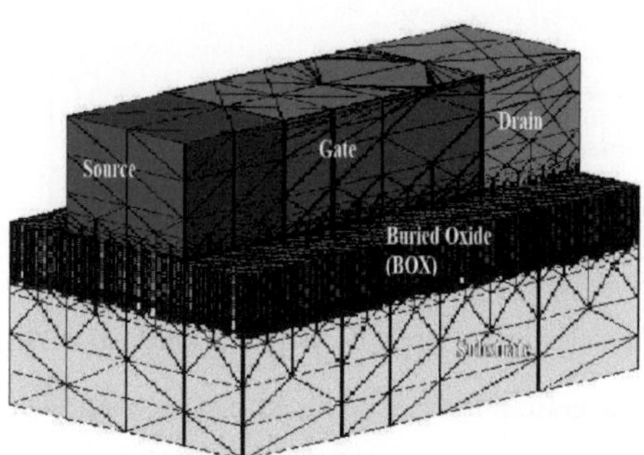

Figura 5.6: Diagrama de malha do dispositivo híbrido gerado na ferramenta TCAD.

A Figura 5.7 ilustra a variação do potencial de superfície ao longo do comprimento do canal em condições de funcionamento específicas: $V_{gs} = V_{ds} = 0{,}3V$ através das simulações TCAD. Quando observamos os resultados, podemos notar que o potencial de superfície na extremidade da fonte permanece relativamente estável, enquanto experimenta um aumento significativo em direção à extremidade do dreno. Da mesma forma, o campo elétrico é significativamente mais elevado na fonte do que no dreno.

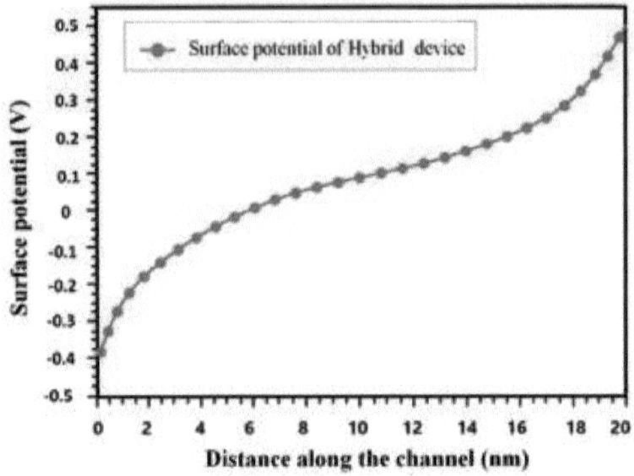

Figura 5.7: Potencial de superfície ao longo da distância do canal

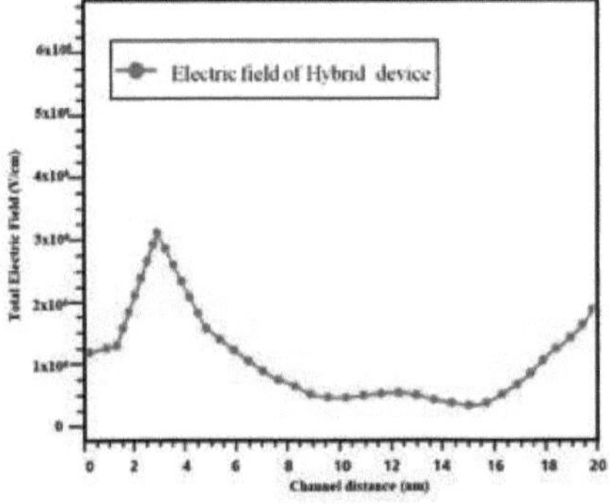

Figura 5.8: Campo elétrico ao longo da distância do canal no dispositivo híbrido.

A Figura 5.8 ilustra graficamente o perfil do campo elétrico no interior do canal correspondente às variações de potencial através das simulações TCAD. Uma observação notável é a presença de campos eléctricos elevados na interface fonte-canal, o que promove um tunelamento eficiente dos portadores. Inversamente, o campo elétrico mais baixo na interface dreno-canal contribui para reduzir a corrente de fuga ambipolar. Esta distribuição favorável do campo elétrico é crucial para alcançar as caraterísticas desejadas de alta corrente ligada e baixa corrente desligada do dispositivo.

Comparação entre os resultados analíticos e de simulação: Aplicando os valores correspondentes à distância do canal em três dimensões (3D), a equação de potencial 5.23

e obtendo os valores são aproximadamente iguais à saída de simulação dos valores de potencial de superfície. A comparação dos valores analíticos e de simulação é ilustrada na tabela 5.2. Os resultados do modelo analítico correspondem melhor aos resultados da simulação TCAD.

Tabela 5.2: Comparação dos resultados analíticos e de simulação do potencial de superfície do dispositivo híbridoSM

Distância do canal (nm)	Analítico(V)	Simulação(V)
5	-0.47	-0.48
7	0.15	0.16
10	0.21	0.23
12	0.34	0.35
15	0.39	0.40
18	0.47	0.48
20	0.50	0.51
23	0.51	0.52
25	0.61	0.63

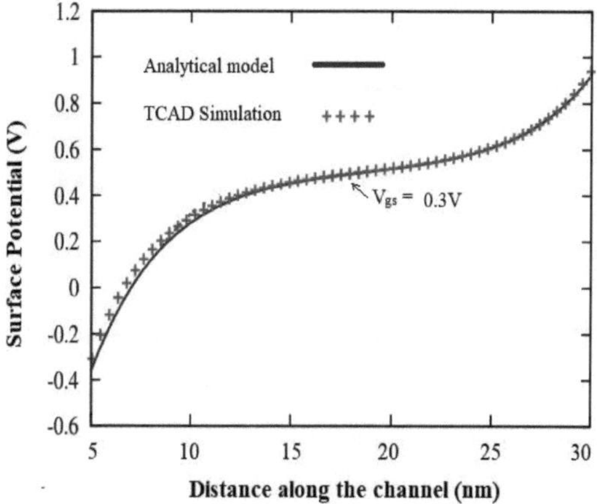

Figura 5.9: Potencial de superfície ao longo do canal (analítico e simulado).

A Figura 5.9 ilustra as curvas de variação do potencial de superfície ao longo do comprimento do canal, em condições de funcionamento específicas, tanto para o modelo analítico como para as simulações. Observa-se no gráfico que as previsões do modelo analítico estão muito próximas dos resultados da simulação, confirmando a precisão do modelo. A Tabela 5.3 apresenta uma comparação dos valores do campo elétrico obtidos analiticamente com os obtidos por simulação.

Tabela 5.3: **Comparação dos resultados analíticos e de simulação dos campos eléctricos do dispositivo híbrido SM**

Distância do canal (nm)	Analítico(V)	Simulação(V)
0.1	-0.147	-0.15
0.7	-0.1	-0.2
1.5	0.1	0.2
2.3	0.2	0.3
3.7	0.32	0.35
6.1	0.37	0.42
8.6	0.40	0.40
11.3	0.41	0.41
19.3	0.42	0.43
20	0.42	0.43

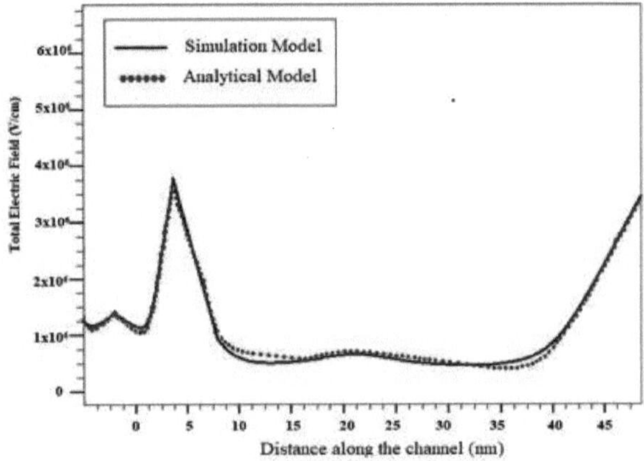

Figura 5.10: Campo elétrico ao longo da distância do canal no dispositivo híbrido.

A Figura 5.10 ilustra graficamente o perfil do campo elétrico no interior do canal através da simulação analítica e do TCAD para efeitos de comparação. A estreita concordância entre o modelo analítico e os resultados da simulação valida a precisão do modelo proposto na previsão do comportamento elétrico do dispositivo.

Caraterísticas de transferência: A Figura 5.11 apresenta as caraterísticas I-V do dispositivo híbrido para um comprimento de canal de 20 nm e um t_{ox} = 1nm a V_{dd} = 0,3V.

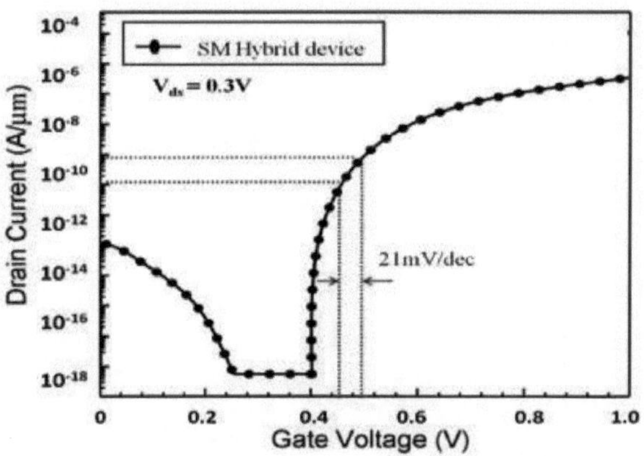

Figura 5.11: Caraterísticas I-V do dispositivo híbrido de metal único.

A tensão de porta (Vgs) varia de 0 V a 0,1 V. O SS é calculado como o inverso do declive da curva log (I_d)-V_{gs} . Neste caso, o SS é de 21 mV/dec, indicando a alteração de tensão necessária para obter uma alteração de uma década na corrente de drenagem na região sublimiar entre as tensões de porta de 0,2 V e 0,221 V.

Caraterísticas de transferência para diferentes funções de trabalho de porta metálica:

A Figura 5.12 apresenta as caraterísticas de entrada simuladas do dispositivo para três diferentes funções de trabalho da porta metálica (ϕ_M): 4,2 eV, 4,4 eV, e 4,6 eV. Os resultados indicam que uma função de trabalho mais baixa de 4,2 eV conduz a uma corrente de ligação mais elevada (I_{ON}), enquanto uma função de trabalho mais elevada de 4,6 eV resulta na corrente ambipolar mais baixa em comparação com as outras duas opções. Além disso, o estudo sugere que a redução da função de trabalho abaixo de 4,6 eV pode atenuar ainda mais a corrente ambipolar.

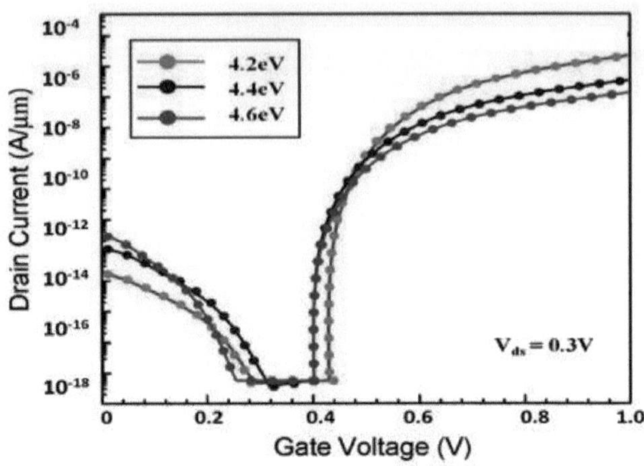

Figura 5.12: Caraterísticas I-V do dispositivo híbrido com diferentes funções de trabalho da porta metálica

Tabela 5.4: Comparação do desempenho do dispositivo híbrido com os estudos existentes

Modelo do dispositivo [N.º de ref.]	**I_{on} (μA/μm)**	**I_{off} (pA/μm)**	**SS(mV/dec)**	**I /I_{onoff} (A)**
DG-MOSFET [3]	270	0.1982	76.8	$1.13x10^{6}$
Duplo k 7nm FinFET [26]	162	14.70	69.8	$11.0x10^{6}$
DGTFET [36]	6.2	$0.3x10^{-6}$	32	$20.6x10^{12}$
HJ TFET [40]	180	$1.24x10^{-6}$	40	$1.46x10^{11}$
Espaçador de elevada permissividade FinFET [69]	122	100	76	$12.17x10^{6}$
SiGe HTFET [75]	0.189	$2.7x10^{-5}$	43	6.8×10^{11}
HTFET em forma de L [96]	10×10^{-6}	$4.3x10^{-16}$	35	$2.32x10^{12}$
HJTFET triplo [97]	254	1.07	42	$1.0 x10^{6}$
Dispositivo híbrido SM proposto	**230**	**$1.2x10^{-3}$**	**21**	**$191x10^{6}$**

A Tabela 5.4 apresenta uma análise comparativa do modelo de dispositivo proposto com os modelos existentes [3, 26, 40 e 97]. Os resultados demonstram uma melhoria significativa nas métricas de desempenho do dispositivo:SS: mais de34% do SS é melhorado em comparação com o modelo apresentado na tabela.Fora de corrente: 90% da fora de corrente reduzida quando comparada com o modelo em [3,26&97].On-current:

mais de42% da on-currenté melhorada em comparação com o modelo apresentado em [26&40].Estas melhorias destacam as vantagens potenciais do projeto do dispositivo proposto.

Para melhorar ainda mais o desempenho do dispositivo, aumentando especificamente a corrente de acionamento e alcançando um valor SS inferior a 21 mV/dec, a iteração de design subsequente incorpora a engenharia de porta metálica dupla na estrutura do dispositivo híbrido.

5.5 CONCEITO DE DISPOSITIVO HÍBRIDO DE PORTA METÁLICA DUPLA

Para resolver problemas como os efeitos de portador quente (HCE), as estruturas de porta em cascata surgiram como uma abordagem promissora. Frequentemente designadas por portas de material duplo (DMG), estas estruturas utilizam dois ou mais metais com funções de trabalho distintas [104]. São elas: i) porta do lado da fonte (M1): Um metal com maior função trabalho é posicionado mais próximo da fonte. Esta configuração promove uma maior taxa de tunelamento na junção fonte-canal. ii) Porta do lado do dreno (M2): Um metal com uma função de trabalho mais baixa é colocado perto do dreno. Esta disposição em cascata não só aumenta a velocidade dos electrões, como também tem um impacto significativo no campo elétrico lateral do canal, particularmente na interface dos dois materiais da porta. Devido às diferentes funções de trabalho ($\Phi M1$ &Φ_{M2}) dos dois metais (M1 e M2), as tensões de banda plana (V_{FB}) para cada porta também serão diferentes. Esta variação em V_{FB} influencia ainda mais as caraterísticas eléctricas do dispositivo.

$$V_{FB} = \Phi_{MS} - (Q_{ox} / C)_{ox} \tag{5.4}$$

$$\Phi_{MS} = \Phi_M - \Phi_S \tag{5.5}$$

$$_{MS}\Phi = \Phi_M - (\chi_{si} + (E_g /2q) + \Phi_F) \tag{5.6}$$

OndeΦ_F= potencial de Fermi $=V_t \ln(N /n)_{Ai}$

5.5.1 Funcionamento do dispositivo

A Figura 5.13 ilustra um dispositivo híbrido que incorpora uma estrutura de porta de metal duplo (DMG). Um metal de cobalto (Φ_{M1} = 4,7 eV) com uma função de trabalho mais elevada é posicionado no lado da fonte, enquanto um metal de alumínio (Φ_{M2} = 4,1 eV) com uma função de trabalho mais baixa é colocado no lado do dreno. Esta configuração DMG melhora o controle do portão, mitigando a influência do campo elétrico do lado do dreno. Consequentemente, a distribuição de potencial sob a porta do lado da fonte (M1) é distinta daquela sob o lado do dreno, criando um degrau de potencial. Além disso, o potencial sob a porta do lado do dreno (M2) é menos limitado pelo potencial do dreno.

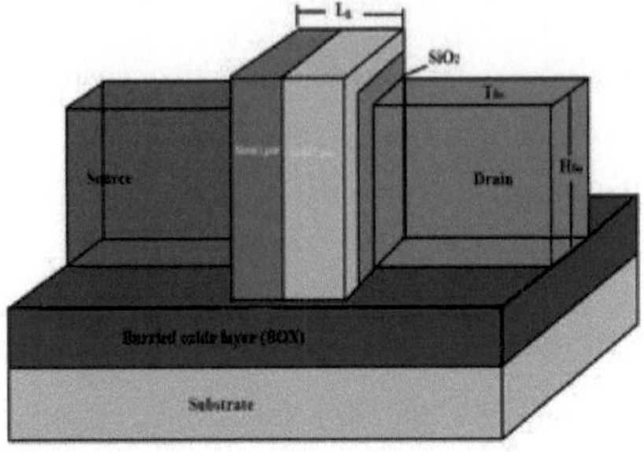

Figura 5.13: Estrutura do dispositivo híbrido de porta metálica dupla

Estado ligado: A Figura 5.14 ilustra um diagrama comparativo de bandas de energia para os dispositivos Single Metal (SM) e Dual Metal (DM) no estado ligado. No dispositivo de porta DM, a corrente de condução melhorada tem origem no processo de tunelamento que ocorre na junção da fonte [105]. Este tunelamento é facilitado por um aumento gradual do potencial no interior do canal.

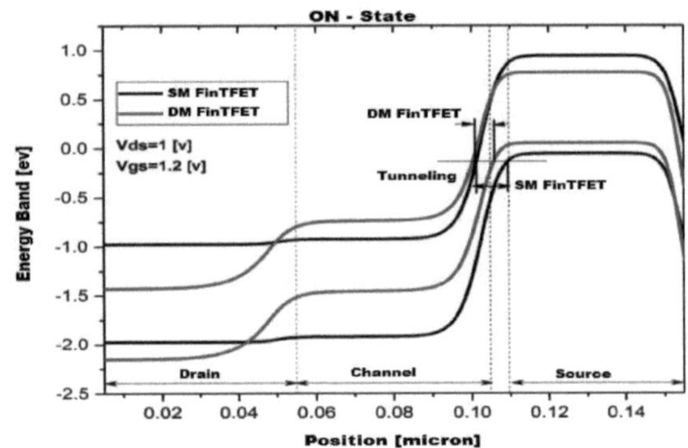

Figura5.14: Diagrama de bandas do dispositivo híbrido DM no estado ON

Estado de desativação: A Figura 5.15 compara os diagramas de bandas de energia do dispositivo híbrido de porta SM e DM no estado de desativação ($V_{gs} < V_{th}$). Devido à maior função de trabalho do material da porta, não é estabelecido um campo elétrico substancial na junção fonte-canal. Consequentemente, não ocorre um fluxo de corrente significativo em nenhum dos dois tipos de dispositivos, desligando-os efetivamente. Em comparação com o dispositivo SM, a estrutura DM apresenta uma corrente ambipolar significativamente reduzida. Esta melhoria é atribuída ao alargamento do intervalo de energia entre as regiões do canal e do dreno, que suprime o fluxo de corrente indesejado na direção inversa.

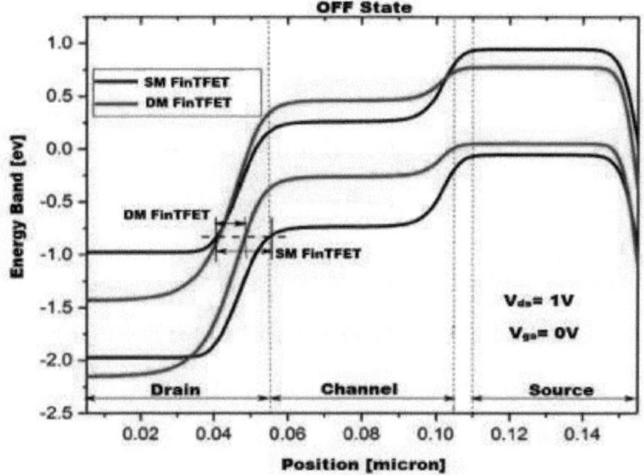

Figura 5.15: Diagrama de bandas do dispositivo híbrido de porta DM no estado desligado

5.6MODELO DE POTENCIAL DE SUPERFÍCIE DO DISPOSITIVO HÍBRIDO DMGATE

A equação de Poisson 3D para a região do canal do TG-TFET é dada por

$$\frac{\partial^2\Phi(x,y,z)}{\partial x^2}+\frac{\partial^2\Phi(x,y,z)}{\partial y^2}+\frac{\partial^2\Phi(x,y,z)}{\partial z^2}=\frac{qN_A}{\varepsilon_{si}}\quad(5.7)$$

$$\left(0 \le z \le tsi\,;\ 0 \le x \le L\,;\ \frac{-W}{2} \le y \le \frac{W}{2}\right)$$

Aproximação do potencial parabólico de Young, o perfil do potencial é dado por

$$\Phi(x,y,z) = \phi\,(x,y) = C_0(x,y,z) + C_1(x,z)y + C_2(x,z)y^2\quad(5.8)$$

Isto aplica-se ao nosso dispositivo proposto, como o dispositivo híbrido de porta metálica dupla. Uma vez que utilizámos dois metais diferentes M_1 e M_2 com funções de trabalho diferentes para a região1 com comprimento L_1 e a região2 com comprimento L $._2$

Para a região 1, a equação (5.7) e a equação (5.8) podem ser reescritas como

$$\frac{\partial^2 \Phi_1 x,y,z)}{\partial x^2} + \frac{\partial^2 \Phi_1(x,y,z)}{\partial y^2} + \frac{\partial^2 \Phi_1(x,y,z)}{\partial z^2} = \frac{qN_{ch}}{\varepsilon_{si}} \quad (5.9)$$

$$\Phi_1 x,y,z) = C_{01}(x,y,z) + C_{11}(x,z)y + C_{21}(x,z)y^2 \quad (5.10)$$

$(0 \le z \le t_{si} ; 0 \le x \le L_1 ; \frac{-W}{2} \le y \le \frac{W}{2})$

Para a região 2, a equação (5.7) e a equação (5.8) podem ser reescritas como

$$\frac{\partial^2 \Phi_2 x,y,z)}{\partial x^2} + \frac{\partial^2 \Phi_2(x,y,z)}{\partial y^2} + \frac{\partial^2 \Phi_2(x,y,z)}{\partial z^2} = \frac{qN_{ch}}{\varepsilon_{si}} \quad (5.11)$$

$$\Phi_2 x,y,z) = C_{02}(x,y,z) + C_{12}(x,z)y + C_{22}(x,z)y^2 \quad (5.12)$$

$(0 \le z \le t_{si} ; L_1 \le x \le L + L_{12} ; \frac{-W}{2} \le y \le \frac{W}{2})$

Em y=0, as equações (5.10 &5.12) são modificadas como:

$$\Phi_j(x,0,z) = C_{0j}(x,z) \approx \Phi_{sj}(x) + C_{1j}(x)z + C_{2j}(x)z^2 \quad (5.13)$$

j=1 e 2. $\Phi_{sj}(x)$denota a distribuição potencial sob os metais M_1 (j=1) e M_2 (j=2) e C_{1j} , C_{2j} são constantes arbitrárias.

Assim, o perfil de potencial nas interfaces frontal e lateral é dado por

(Região1: sob M1)

$$\Phi_1(x,0,0) = \Phi_{s1}(x) = C_{01}(x,0) \quad (5.14)$$

(Região1: sob M2)

$$\Phi_2(x,0,0) = \Phi_{s2}(x) = C_{02}(x,0) \quad (5.15)$$

Do mesmo modo, o perfil de potencial na interface posterior é dado por

(Região1: em M)$_1$

$$\Phi_1(x,0,t_{si}) = C_{01}(x,t_{si}) = \Phi_{s1}(x) + C_{11}(x)t_{si} + C_{21}(x)t_{si}^2 \quad (5.16)$$

(Região1: em M)$_2$

$$\Phi_2(x,0,t_{si}) = C_{02}(x,t_{si}) = \Phi_{s2}(x) + C_{12}(x)t_{si} + C_{22}(x)t_{si}^2 \quad (5.17)$$

As equações (5.9) e (5.11) são agora resolvidas utilizando as seguintes condições de fronteira

$$\Phi_1(0,y,z) = V_{bi,p} \text{e} \Phi_2(L,y,z) = V_{bin} + V_{ds} \quad (5.18)$$

Onde, $V_{bip} = -V_t \ln(N_A/N_{ch})$ e $V_{bin} = -V_t \ln(N_D N_{ch}/n_i^2)$

N_A e N_D são as concentrações de dopagem da fonte e do dreno, n_i é a concentração intrínseca de portadores.

$$\frac{d\Phi_1(x,y,z)}{dz}\bigg|_{y=0,z=0} = \frac{\varepsilon_f}{\varepsilon_{si}t_f}\left(\Phi_{s1}(x) - V'_{gs1}\right)$$

$$\frac{d\Phi_1(x,y,z)}{dz}\bigg|_{y=0,z=t_{si}} = \frac{\varepsilon_{box}}{\varepsilon_{si}t_{box}}\left(V'_{sub} - \Phi_{sub1}(x)\right)$$

$$\frac{d\Phi_2(x,y,z)}{dz}\bigg|_{y=0,z=0} = \frac{\varepsilon_f}{\varepsilon_{si}t_f}\left(\Phi_{s2}(x) - V'_{gs2}\right)$$

$$\frac{d\Phi_2(x,y,z)}{dz}\bigg|_{y=0,z=t_{si}} = \frac{\varepsilon_{box}}{\varepsilon_{si}t_{box}}\left(V'_{sub} - \Phi_{sub2}(x)\right)$$

$$\frac{d\Phi_{s1}}{dx}\bigg|_{x=L_1} = \frac{d\Phi_{s2}}{dx}\bigg|_{x=L_1}$$

$$\Phi_{s1}(L_1, 0) = \Phi_{s2}(L_1, 0)$$

Em que $V'_{gsj} = V_{gsj} - V_{fbj}$ com V_{gsj}- tensão porta-fonte, V_{fbj}-tensões de banda plana na interface frontal e dadas por$V_{fbj} = \Phi_{mj} - \Phi_{si}$. Onde, $\Phi_{si} = \chi_{si} + \frac{E_g}{2} + \Phi_F.\chi_{si},\ E_ge\Phi_F$são a afinidade eletrónica, o intervalo de separação e o potencial de fermi do silício, $V'_{sub} = V_{sub} - V_{fbb}$e V_{sub} é a polarização do substrato e V_{fbb} é a tensão de banda plana da interface canal-retorno.

Utilizando todas estas condições de fronteira, os coeficientes C_{1j} e C_{2j}são calculados como

$$C_{11}(x) = \frac{\varepsilon_f}{\varepsilon_{si}t_f}\left(\Phi_{s1}(x) - V'_{gs1}\right);$$

$$C_{21}(x) = \frac{\frac{\varepsilon_{box}}{\varepsilon_{si}t_{box}}V'_{sub} - \Phi_{s1}(x)\left[\frac{\varepsilon_{box}}{\varepsilon_{si}t_{box}} + \frac{\varepsilon_f}{\varepsilon_{si}t_f}\left(1 + \frac{\varepsilon_{box}t_{si}}{\varepsilon_{si}t_{box}}\right)\right] + \frac{\varepsilon_f}{\varepsilon_{si}t_f}\left(1 + \frac{\varepsilon_{box}t_{si}}{\varepsilon_{si}t_{box}}\right)V'_{gs1}}{2t_{si} + \frac{\varepsilon_{box}}{\varepsilon_{si}t_{box}}t_{si}^2}$$

$$C_{12}(x) = \frac{\varepsilon_f}{\varepsilon_{si}t_f}\left(\Phi_{s2}(x) - V'_{gs2}\right);$$

$$C_{22}(x) = \frac{\frac{\varepsilon_{box}}{\varepsilon_{si}t_{box}}V'_{sub} - \Phi_{s2}(x)\left[\frac{\varepsilon_{box}}{\varepsilon_{si}t_{box}} + \frac{\varepsilon_f}{\varepsilon_{si}t_f}\left(1 + \frac{\varepsilon_{box}t_{si}}{\varepsilon_{si}t_{box}}\right)\right] + \frac{\varepsilon_f}{\varepsilon_{si}t_f}\left(1 + \frac{\varepsilon_{box}t_{si}}{\varepsilon_{si}t_{box}}\right)V'_{gs2}}{2t_{si} + \frac{\varepsilon_{box}}{\varepsilon_{si}t_{box}}t_{si}^2}$$

Em seguida, a taxa de geração de tunelamento dos transportadores (G_{BTBT}) devido à passagem de banda para banda no volume do dispositivo, como na equação (5.19).

$$I = \int G_{BTBT}dV \qquad (5.19)$$

Em que dV é o volume rudimentar do dispositivo e$G_{BTBT} = AE^{D1}\exp\left(\frac{-B}{E}\right)$

Em que A e B são parâmetros de tunelização de Kane, dependendo do intervalo de banda e da massa efectiva dos portadores. D_1 é um parâmetro estatístico dependente do material, que depende do tipo de tunelização, e E é o campo elétrico, que se divide em campos eléctricos locais e médios (E_{avg}). Estimativas de D_1 =2,5, A=4x10^{19} eV$^{1/2}$ /cm-s-V^2 e B=41MV/cm-Ev$^{3/2}$ para o tunelamento baseado em fotões e D_1 =2 para o tunelamento direto.

Subsequentemente, na intersecção do tunelamento do canal da fonte, a corrente contribuída devido ao tunelamento dos portadores pode ser comunicada como

$$I_{SC-tunn}(x) = q\int_{x_{s1}}^{x_{s2}}\int_{0}^{t_{si}}\int_{\frac{-W}{2}}^{+\frac{W}{2}} AE_s E_{avg}^{D_1-1} e^{-\frac{B}{E_{avg}}}\, dx\, dy\, dz \qquad (5.20)$$

Onde Campo elétrico médio, $E_{avg} = \frac{E_g}{q l_{s,turn}}$

O campo elétrico total na junção fonte-canal na região 1 abaixo do metal M1 é $E_S = \sqrt{E_{x1}^2 + E_{y1}^2 + E_{z1}^2}$

Comprimento efetivo de tunelização na junção fonte-canal

$$l_{S-tunn} = x_{s2} - x_{s1} \qquad (5.21)$$

x_{S1} indica a posição em que o tunelamento começa a partir da banda de valência da fonte para a banda de condução do canal ex_{S2} representa a posição do canal em que o tunelamento termina. Em x_{S1} o potencial de superfície atinge$\frac{E_g+\Delta E_b}{q}$, sendo que ΔE_bque representa a diferença entre a banda de valência e o nível de Fermi da fonte,

$$x_{S1} = \left[\frac{E_g+\Delta E_b}{q} - (A_1 - B_1 - \rho_1)\right]/\eta(A_1 - B_1) \qquad (5.22)$$

$$x_{S2} = \left[\frac{E_g+\Delta\Phi}{q} - (A_1 - B_1 - \rho_1)\right]/\eta(A_1 - B_1) \qquad (5.23)$$

O fenómeno de tunelização na junção dreno/canal é

$$I_{DC-tunn}(x) = q\int_{x_{d1}}^{x_{d2}}\int_{0}^{t_{si}}\int_{\frac{-W}{2}}^{+\frac{W}{2}} AE_d E_{avg}^{D_1-1} e^{-\frac{B}{E_{avg}}}\, dx\, dy\, dz \qquad (5.24)$$

O campo elétrico total na junção do canal de drenagem na região 2 abaixo do metal M_2 é $E_d = \sqrt{E_{x2}^2 + E_{y2}^2 + E_{z2}^2}$

O percurso de escavação do túnel no lado do escoamento

$$l_{d-tunn} = x_{d2} - x_{d1} \qquad (5.25)$$

Assim, a corrente de tunelamento total é

$$I_{tunn}(x) = I_{SC-tunn}(x) + I_{DC-tunn}(x) \quad (5.26)$$

O aumento da corrente de drenagem é conseguido devido ao forte tunelamento de electrões de banda para banda da banda de valência da fonte para a banda de condução do canal. Quando ocorre um forte BTBT, a utilização de um metal com elevada função de trabalho (M_1) suprime ainda mais o campo elétrico do lado do dreno e ajuda a obter uma corrente de dreno elevada. Juntamente com M_1 , temos também um metal de baixa função de trabalho (M_2) para suprimir o comportamento ambipolar do TFET. O rácio de I /I_{onoff} aumenta a inclinação.

5.7 RESULTADOS DA SIMULAÇÃO

As especificações especificadas para a conceção do dispositivo híbrido de porta metálica única neste capítulo são as mesmas para a conceção do dispositivo híbrido de porta metálica dupla. Além disso, o segundo metal, o cobalto, com uma função de trabalho de 4,7 eV, foi considerado como metal1, o comprimento do metal1 L_1 =15nm e o comprimento do metal2 L_2 =15nm. Com base nestes dados, o dispositivo híbrido de porta DM foi concebido com o TCAD e o diagrama de malha do dispositivo híbrido DM é apresentado na figura 5.16, tendo sido extraídos o potencial de superfície e a variação do campo elétrico ao longo do canal, bem como as caraterísticas de transferência.

Figura 5.16: Diagrama de malha do dispositivo híbrido de porta DM gerado na ferramenta TCAD.

A Figura 5.17 mostra a variação do potencial de superfície ao longo do comprimento do canal quando as tensões de porta e dreno são fixadas em 0,1V.

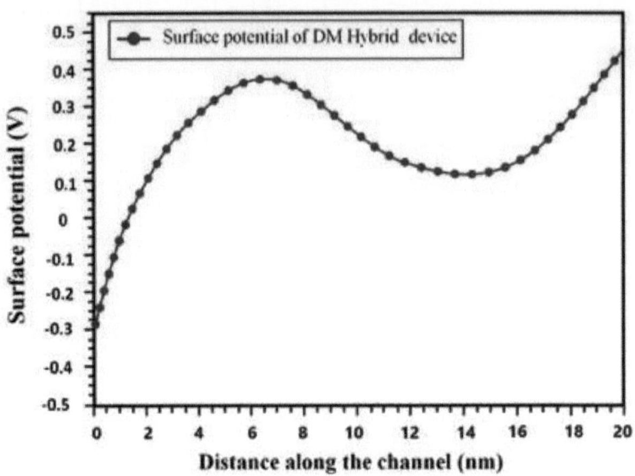

Figura 5.17: Distribuição do potencial de superfície ao longo do canal a V_{gs} =V_{ds} =0,1V.

O potencial de superfície apresenta um aumento parabólico até um comprimento de canal de 0,01 nm, seguido de uma tendência decrescente até atingir 0,016 nm. Para além deste ponto, o potencial de superfície aumenta rapidamente de forma exponencial. A Figura 5.18 mostra a distribuição do campo elétrico do dispositivo. Observa-se que, em comparação com as curvas do campo elétrico do dispositivo híbrido monometal, houve uma melhoria na área do lado da fonte e uma diminuição na junção entre o canal e o dreno. Isto indica que o dispositivo pode produzir uma corrente de acionamento elevada e uma corrente ambipolar mais baixa. Isto deve-se ao facto de a função de trabalho do lado do dreno ser menor do que a do lado da fonte. Este aumento da probabilidade de tunelamento na junção do lado da fonte tem um impacto positivo no campo elétrico global do dispositivo.

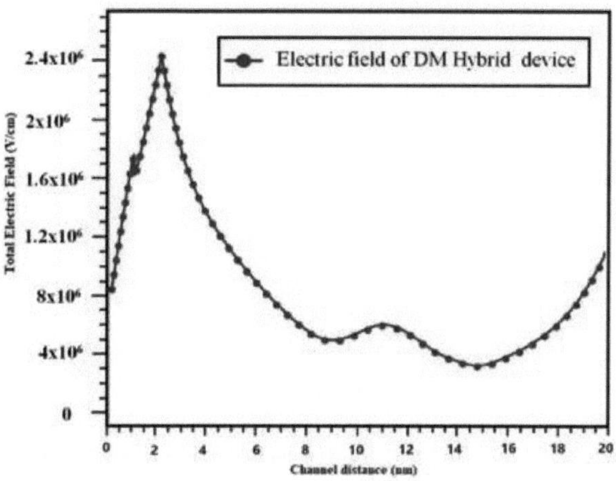

Figura 5.18: Campo elétrico ao longo do canal a $V = V_{gsds} = 0{,}1V$

As caraterísticas de transferência do dispositivo proposto são mostradas na figura 5.19. Com o aumento do potencial de porta, a junção fonte-canal sofre um melhor tunelamento, o que leva a uma maior corrente de dreno na figura. A utilização de um metal com elevada função de trabalho (M_1) ajuda a obter uma corrente de acionamento elevada. Do mesmo modo, a utilização de metal de baixa função de trabalho (M_2) reduz a probabilidade de tunelamento, suprimindo a corrente ambipolar como a de um dispositivo de metal único.

A partir das caraterísticas I-V, a corrente de ligação é medida como 267μA/μm, a corrente ambipolar é medida como $0{,}5x10^{-3}$ pA/μm e o valor SS é 18,2mV/dec., ou seja, para alterar uma década da corrente de drenagem, apenas 18mV de Vgs precisam de ser alterados.

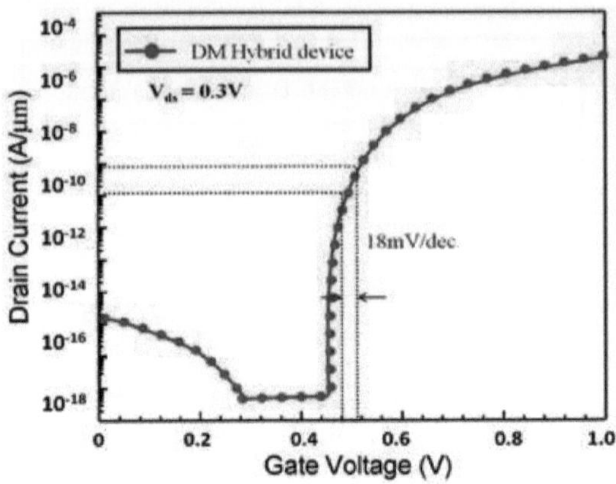

Figura 5.19: Caraterísticas de transferência do dispositivo DM Hybrid.

Em comparação com o dispositivo híbrido monometálico, é evidente que a sua corrente ligada é melhorada em 15,2%, a corrente ambipolar é reduzida em 58% e a SS é melhorada em quase 12%.

Comparação de resultados: Os parâmetros do dispositivo proposto estão a ser comparados com o tipo de trabalho semelhante disponível na literatura e são apresentados na tabela 5.5. Este valor descreve que o dispositivo proposto tem melhores caraterísticas de comutação em termos de velocidade.

Tabela 5.5: Comparação dos parâmetros do dispositivo híbrido SM e do dispositivo híbrido DM com a referência.

Modelo do dispositivo [N.º de ref.]	I_{on} (µA/µm)	I_{off} (pA/µm)	SS(mV/dec)	I/I_{onoff} (A)
DG-MOSFET [3]	270	0.1982	76.8	1.13×10^{6}
Duplo k 7nm FinFET [26]	161.7	14.7	69.8	11.0×10^{6}
DGTFET [36]	6.2	0.3×10^{-6}	32	20.6×10^{12}
HJ TFET [40]	180	1.24×10^{-6}	40	1.46×10^{11}
Espaçador de elevada permissividade FinFET [69]	121.7	100	76	12.17×10^{6}
SiGe HTFET [75]	0.189	2.7×10^{-5}	43	6.8×10^{11}
HTFET em forma de L [96]	10×10^{-6}	4.3×10^{-16}	35	2.32×10^{12}
HJTFET triplo [97]	254	1.07	41.54	1.0×10^{6}
Dispositivo híbrido Prop SM	230	1.2×10^{-3}	21	191.6×10^{9}

Dispositivo híbrido Prop DM	265	$0.5x10^{-3}$	18.2	$530x10^{9}$

5.8 CONCLUSÃO

A estrutura de porta de metal simples e de metal duplo do dispositivo híbrido é modelada neste capítulo para obter melhores caraterísticas de comutação. O modelo de potencial de superfície é aqui analisado para verificar as variações de potencial e de campo elétrico no dispositivo. O TCAD foi utilizado para simular o mesmo e observou-se que ambos os modelos dão praticamente os mesmos resultados.

CAPÍTULO- 6
RESULTADOS E DISCUSSÃO

CAPÍTULO- 6
RESULTADOS E DISCUSSÃO

Nos circuitos VLSI de alta velocidade, os dispositivos com caraterísticas de comutação rápida são muito necessários. Os MOSFET convencionais falham no nó tecnológico mais recente devido aos grandes SCE. O dispositivo seguinte, o FinFET, tem melhores caraterísticas do que os dispositivos MOS convencionais, mas não consegue gerar uma corrente de desativação baixa. O dispositivo Tunnel FET é outro dispositivo utilizado para aplicações de alta velocidade, que utiliza o processo de tunelamento BTBT em vez da teoria quântica. Mas o TFET convencional tem uma corrente de acionamento muito baixa, na ordem dos 10's. Por isso, nesta tese foram desenvolvidos TFETs de porta única e de porta dupla. Ambos os dispositivos foram concebidos para produzir uma corrente de desativação muito baixa (corrente ambipolar) do que os outros dispositivos com valores SS melhorados. Mas a corrente de ativação destes dispositivos continua a ser da ordem dos 10's. Como precisamos dos benefícios tanto do FinFET (corrente de ativação elevada) como dos benefícios do TFET (corrente de desativação baixa), com uma ideia, implementámos um dispositivo híbrido.

O design do dispositivo híbrido tem uma aleta semelhante ao FinFET, e esta aleta é dopada como o TFET (fonte p, camada intrínseca e dreno n) e o portão é enrolado em torno da estrutura da aleta e aproveita o mecanismo de tunelamento. Ao expandir a cobertura da porta sobre o canal, o dispositivo facilita o tunelamento de linha melhorado, optimizando a eficiência do tunelamento vertical banda-banda (BTBT). Com este conceito, foram implementados dispositivos híbridos de porta metálica simples e porta metálica dupla. O modelo de potencial de superfície foi verificado para todos os dispositivos, a fim de determinar as variações de potencial e de campo elétrico no interior do dispositivo. As caraterísticas I-V são extraídas através de simulações TCAD para verificar as caraterísticas de comutação. De acordo com os resultados, a substituição do SiO_2 tradicional por materiais de porta de alto k melhora o desempenho da corrente de dreno.

No capítulo 3, foi feita uma análise para determinar o comprimento ótimo da porta e as dimensões das aletas. As mesmas dimensões são utilizadas na conceção de todos os outros dispositivos desta tese. Os resultados são apresentados na tabela 6.1.

Tabela 6.1: Comparação dos parâmetros de todos os dispositivos projectados nesta tese

Parâmetro	FinFET	SGTFET	DGTFET	SM híbrido	DM híbrido
I_{on} (μA/μm)	325.4	18.3	17.9	230	265
I_{off} (pA/μm)	$67.78x10^{-3}$	1.98	$2.43\ x10^{-3}$	$1.2x10^{-3}$	$0.5x10^{-3}$
SS (mV/dec)	73	38	34.54	21	18.2

A partir dos resultados, observa-se que o dispositivo híbrido DM apresenta melhores caraterísticas do que todos os outros. Tem uma corrente de ligação da ordem dos 100's, uma corrente ambipolar baixa e um melhor valor de SS de 18,2 mV/dec. O dispositivo híbrido DM apresenta um melhor desempenho em comparação com o dispositivo híbrido SM, ou seja, 15,2% de melhoria da corrente, 58% de baixa corrente ambipolar e quase 12% de melhoria do valor SS.

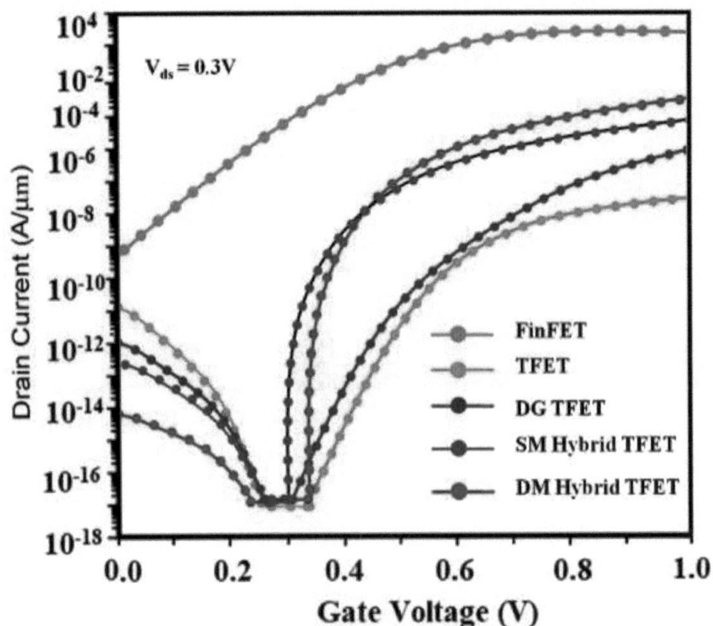

Figura 6.1: Caraterísticas I-V de FinFET, SG TFET, DG TFET, dispositivo híbrido SM e dispositivo híbrido DM.

As caraterísticas I-V de todos os dispositivos implementados nesta tese são sobrepostas numa única figura, como mostra a figura 6.1, para efeitos de compreensão e comparação. A partir destas, nota-se que o dispositivo híbrido DM tem baixa ambipolaridade, bom estado desligado e caraterísticas mais acentuadas do que todos os outros dispositivos. Assim, concluímos que este dispositivo é adequado para os circuitos VLSI de alta velocidade.

CAPÍTULO- 7
CONCLUSÕES E ÂMBITO FUTURO

CAPÍTULO- 7
CONCLUSÕES E ÂMBITO FUTURO

CONCLUSÕES: Este trabalho centrou-se na conceção de um dispositivo com caraterísticas mais acentuadas. Um dispositivo híbrido foi implementado depois de várias pistas através de análise matemática e TCAD. Estes parâmetros geométricos e de processo do dispositivo são fixados através de várias análises disponíveis na literatura. Para obter grandes benefícios de um único dispositivo, um dispositivo híbrido com dopagem como o TFET na aleta como o FinFET é construído e operado pelo mecanismo de BTBT e os parâmetros de projeto (corrente ligada, corrente desligada e valores SS) são extraídos para verificar a adequação à alta velocidade. Os dispositivos híbridos de metal simples e de metal duplo fornecem os valores SS de 21 mv/dec e 18,2 mv/dec, respetivamente. Ambos são os melhores valores de SS quando consultamos a literatura. No quadro 7.1, o dispositivo final proposto é comparado com a literatura recente (2022 e 2023).

Tabela 7.1: Comparações da Figura de Métricas com a literatura recente

Referência	I_{on} **(µA/µm)**	I_{off} **(pA/µm)**	**SS (mV/dec)**
Ref.[34] (TFET)	88.9	25.6×10^{-4}	25.58
Ref.[36] (TFET)	52.19	13.3×10^{-1}	10
Ref.[60] (FinFET)	53.6	4220	64.91
Ref.[102] (TFET)	0.27	4.1×10^{-4}	31
DM híbrido	265	0.5×10^{-3}	18.2

Da tabela, depreende-se que o dispositivo proposto melhorou a sua corrente ligada em 198% relativamente ao dispositivo da referência [34] e mais ainda relativamente às referências [36,60 e 102]. A corrente de desligamento é melhorada em mais de 60% em comparação com as referências [34,36 e 60], mas é inferior em 1% com a referência [102]. O valor SS do dispositivo proposto é melhorado em mais de 72% em relação às referências [34, 60 e 102] e é inferior em 45% à referência [36].

ESCOPO FUTURO: O escopo futuro desta tese é implementar os circuitos eletrônicos com o dispositivo híbrido proposto para atender à demanda de dispositivos de alta velocidade em muitas áreas, como IoT, circuitos de comunicação 5G, etc.

REFERÊNCIAS

[1] Roteiro Internacional para Dispositivos e Sistemas: 2017.

[2] Y.Taur e T.H.Ning, "Fundamentals of modern VLSI Devices", 2ª edição. Nova Iorque: Cambridge Univ. Press, 1998.

[3] Wagadre, A., & Mane, S. "Performance Analysis of DG-MOSFET for Reduction of Short Channel Effect over Bulk MOSFET at 20nm", International Journal of Engineering Research and Applications, Vol. 4(7), pp.30-34, 2014.

[4] R. K. Sharma, M. Gupta e R. S. Gupta, "TCAD Assessment of Device Design Technologies for Enhanced Performance of Nanoscale DG MOSFET", IEEE Transactions on Electron Devices, vol. 58, n.º 9, pp. 2936-2943,2011. doi: 10.1109/TED.2011.2160065.

[5] T. -K. Chiang, Y. -W. Ko, Y. -H. Lin, H. -W. Gao e Y. -H. Wang, "Um modelo unificado de comprimento de escala quântica para MOSFETs de porta múltipla nanométrica", 2018 7th International Symposium on Next Generation Electronics (ISNE), Taipei, Taiwan, 2018, pp.1-4.

doi: 10.1109/ISNE.2018.8394743.

[6] Q. Nguyen-Gia, M. Kang, J. Jeon e H. Shin, "Models of Threshold Voltage and Subthreshold Slope for Macaroni Channel MOSFET", IEEE Electron Device Letters, vol. 41, n.º 7, pp. 973-976, 2020. doi: 10.1109/LED.2020.2995642.

[7] Q. B. Chen, "Compact modeling of multi-gate MOSFETs for RF designs," 2013 IEEE International Wireless Symposium (IWS), Beijing, China, 2013, pp. 1-4.

doi: 10.1109/IEEE-IWS.2013.6616743.

[8] T. Numata e S. Takagi, "Device design for subthreshold slope and threshold voltage control in sub-100-nm fully depleted SOI MOSFETs", IEEE Transactions on Electron Devices, vol. 51, no. 12, pp. 2161-2167, 2004. doi: 10.1109/TED.2004.839760.

[9] T. Mori e J. Ida, "Mechanism of super steep subthreshold slope characteristics with body-tied SOI MOSFET," 2013 International Conference on Simulation of

Semiconductor Processes and Devices (SISPAD), Glasgow, UK, 2013, pp. 101-104, doi: 10.1109/SISPAD.2013.6650584.

[10] L. De Michielis, L. Lattanzio e A. M. Ionescu, "Understanding the Superliner Onset of Tunnel-FET Output Characteristic", IEEE Electron Device Letters, vol. 33, no. 11, pp. 1523-1525, 2012. doi: 10.1109/LED.2012.2212175.

[11] P. M. Solomon, K. W. Guarini, Y. Zhang et al., "Two gates are better than one", IEEE Circuits and Devices Magazine, vol. 19, n.º 1, pp. 48-62, 2003.

[12] A. Gill, C. Madhu e P. Kaur, "Investigation of short channel effects in Bulk MOSFET and SOI FinFET at 20nm node technology," 2015 Annual IEEE India Conference (INDICON), New Delhi, India, pp. 1-4. doi: 10.1109/INDICON.2015.7443263.

[13] O. Kane, "Theory of tunneling", Journal of Applied Physics, vol. 32(1), pp. 83-91, 1961.

[14] M. J. Kumar, V. Venkataraman e S. Nawal, "Impact of Strain or Ge Content on the Threshold Voltage of Nanoscale Strained-Si/SiGe Bulk MOSFETs", IEEE Transactions on Device and Materials Reliability, vol. 7, no. 1, pp. 181-187, 2007. doi: 10.1109/TDMR.2006.889269.

[15] H.-S. P. Wong, D. J. Franks, e P. M. Solomon, "Device design considerations for double-gate, ground-plane, and single-gated ultra-thin SOI MOSFET's at the 25nm channel length generation," IEEE Electron Devices Meeting, pp. 407-410,1998.

[16] K. Suzuki, T. Tanaka, Y. Tosaka, H. Horie, e Y. Arimoto, "Scaling theory for double-gate SOI MOSFET's," IEEE Electron Devices, vol. 40, no. 12, pp. 2326-2329, 1993.

[17] Mohan V. Dunga, Chung-Hsun Lin, Darsen D. Lu, Weize Xiong, C. R. Cleavelin, P. Patruno, Jiunn-Ren Hwang, Fu-Liang Yang, Ali M. Niknejad, Chenming Hu: BSIM-MG: Um Modelo Versátil de FET Multi-Gate para Design de Sinais Mistos. Actas do Simpósio de Tecnologia VLSI, 80, 2007.

[18] T. Sairam, W. Zhao e Y. Cao, "Optimizing FinFET technology for high-speed and low-power design," 17th Great Lakes Symposium on VLSI, pp. 73-77, 2007.

[19] Y. Li e W-H. Chen, "Effect of Fin Angle on electrical characteristics of nanoscale bulk FinFET", Proceedings of NSTI-Nanotechnology Conference and Trade show, vol.3, pp.20-23, 2006.

[20] S. Mittal, Amita, A. S. Shekhawat, S. Ganguly e U. Ganguly "Analytical Model to Estimate FinFET's ION, IOFF, SS, and VT Distribution Due to FER.", IEEE Transactions on Electron Devices, vol. 64(8), pp.3489-93, 2017.

[21] Abhinav Kranti e G. Alastair Armstrong "Design and Optimization of FinFETs for Ultra-Low-Voltage Analog Applications", IEEE Transactions on Electron Devices, Vol. 54, No. 12, 2007.

[22] Min jin Lee e Woo Young Choi, "Analytical Model of single-gate silicon-on-insulator (SOI) tunneling field effect transistors (TFETs)", Solid-State Electronics, vol-63(1), pp.110-114, 2011. https://doi.org/10.1016/j.sse.2011.05.008

[23] Chun-Hsing Shih e Nguyen Dang Chien "Design and Modeling of Line-Tunneling Field-Effect Transistors Using Low-Bandgap Semiconductors", IEEE Transactions on Electron Devices, Vol. 61, No. 6, 2014.

[24] S. Saurabh e M. J. Kumar, "Novel Attributes of a Dual Material Gate Nanoscale Tunnel Field-Effect Transistor", IEEE Transactions on Electron Devices, vol. 58 (2), pp. 404-410, 2011.

[25] Anghel, Hraziia, A. Gupta, A. Amara, and A. Vladimirescu, "30-nm Tunnel FET With Improved Performance and Reduced Ambipolar Current", IEEE Transactions on Electron Devices, vol. 58, no. 6, pp. 1649-1654, 2011, DOI: 10.1109/TED.2011.2128320.

[26] Mahmoud S. Badran; Hanady Hussein Issa; Saleh M. Eisa; Hani Fikry Ragai "Corrente de fuga baixa simétrica Dual-k 7nm Trigate Bulk Underlap FinFET para aplicações de potência ultrabaixa" IEEE Access, vol-7, pp. 17256 - 17262, 2019.

[27] Natalia Seoane, Guillermo Indalecio, Daniel Nagy, Karol Kalna e Antonio J. García-Loureiro "Impact of Cross-Sectional Shape on 10-nm Gate Length InGaAs FinFET Performance and Variability", IEEE Transactions on Electron Devices, vol. 65(2), 2018.

[28] Wen-KuanYeh; Wenqi Zhang; Po-Ying Chen; Yi-Lin Yang "The Impact of Fin Number on Device Performance and Reliability for Multi-Fin Tri-Gate n- and p-type FinFET", IEEE Transactions on Device and Materials Reliability, vol- 18(4), pp.555 - 560, 2018.

[29] J.P Colinge, "FinFETs, and other Multi-gate Transistors", Integrated Circuits and Systems Springer, 2007. https://doi.org/10.1007/978-0-387-71752-4.

[30] D. Cohen-Elias; J. J. M. Law; H. W. Chiang; A. Sivananthan; C. Zhang; B. J. Thibeault; W. J. Mitchell; S. Lee; A. D. Carter; C.-Y. Huang; V. Chobpattana; S. Stemmer; S. Keller; M. J. W. Rodwell "Formação de InGaAs FinFET's de largura sub-10 nm de 200nm de altura por epitaxia de camada atómica" 71ª conferência de Pesquisa de Dispositivos, 2013.

[31] Suzuki, K. & Pidin, S., "Short-channel single-gate SOI MOSFET model", IEEE Transactions on Electron Devices, vol-50(5), pp.1297-1305, 2003.

[32] R. A. Thakker, et al., "A table-based approach to study the impact of process variations on FinFET circuit performance," Computer-Aided Design of Integrated Circuits and Systems, IEEE Transactions on, vol-29, pp. 627-631, 2010.

[33] Pankaj Kumar, Saurav Roy e Srimanta Baishya "Gate-overlapped-source Heterojunction Tunnel Tri-gate FinFET "Devices for Integrated Circuit (DevIC), IEEE, pp.561-564, 2017.

[34] I. Chahardah Cherik e S. Mohammadi, "Vertical Tunneling Field-Effect Transistor with Germanium Source and T-Shaped Silicon Channel for Switching and Biosensing Applications: A Simulation Study", em IEEE Transactions on Electron Devices, vol. 69(9), pp. 5170-5176, 2022.

[35] Ashish Pal, A. B. Sachid, H. Gossner e V. R. Rao, "Insights into the Design and Optimization of Tunnel-FET Devices and Circuits," IEEE Transactions on Electron Devices, vol. 58, no. 4, pp. 1045-1053, 2011, doi: 10.1109/TED.2011.2109002.

[36] I. C. Cherik, S. Mohammadi e A. A. Orouji, "Switching Performance Enhancement in Nanotube Double-Gate Tunneling Field-Effect Transistor with Germanium Source Regions", IEEE Transactions on Electron Devices, vol. 69, n.º 1, pp. 364-369, 2022.

[37] Quinquian, Ru Haung, et al, "Um FET de túnel de Si Noval com inclinação de sublimiar de 36mv/dec com base na modulação esgotada de junção através da configuração de portão despojado "IEEE transações em circuitos e sistemas, vol. 53, no. 3, pp. 187-194, 2012.

[38] Rajat Vishnoi e M. J. Kumar, "2-D Analytical Model for the Threshold Voltage of a Tunneling FET With Localized Charges," IEEE Transactions on Electron Devices, vol. 61, no. 9, pp. 3054-3059, 2014, doi: 10.1109/TED.2014.2332039.

[39] Willium G. Vandenberghe, Anne S. Verhuls, S. De Gendt, K. Maex e G. Groeseneken, "Boosting the on-current of silicon nanowire tunnel-FETs," IEEE Silicon Nanoelectronics Workshop, Honolulu, HI, EUA, pp. 1-2, 2008.doi: 10.1109/SNW.2008.5418419.

[40] S. Blaeser et al., "Line Tunneling Dominating Charge Transport in SiGe/Si Heterostructure TFETs", em IEEE Transactions on Electron Devices, vol. 63, n.º 11, pp. 4173-4178, 2016, doi: 10.1109/TED.2016.2608383.

[41] S. Saurabh e M. J. Kumar, "Estimation and Compensation of Process-Induced Variations in Nanoscale Tunnel Field-Effect Transistors for Improved Reliability," IEEE Transactions on Device and Materials Reliability, vol. 10(3), pp. 390-395, 2010.doi: 10.1109/TDMR.2010.2054095.

[42] Jang Hyun Kim, Hyun Woo Kim, Garam Kim, Sangwan Kim e Byung-Gook Park, "Demonstração de um transístor de efeito de campo em túnel de aletas com dreno elevado" Micromachines, vol-10(1), 30, 2019. doi:10.3390/mi10010030.

[43] E.-H. Toh, G. H. Wang, L. Chan, G. Samudra, e Y.-C.Yeo, "Device physics and guiding principles for the design of double-gate tunneling field effect transistor with silicon-germanium source heterojunction", Applied Physics Letters, vol. 91(24), pp. 24-35, 2007. DOI 05-1-243505-3.

[44] J. Wu, J. Min e Y. Taur, "Short-Channel Effects in Tunnel FETs," em IEEE Transactions on Electron Devices, vol. 62, no. 9, pp. 3019-3024, 2015. doi: 10.1109/TED.2015.2458977.

[45] Ma, Siguang, "Silicon-Germanium Based Tunnel Field Effect Transistor for Low Power Computation", Tese de Doutoramento, Universidade da Califórnia, Los Angeles, 2014.

[46] S. Yadav, D. Sharma, M. Aslam e D. Soni, "A Novel Analysis to Reduce Leakage Current in Charge Plasma Based TFET," 2017 14th IEEE India Council International Conference (INDICON), Roorkee, India, pp. 1-3,2017. doi: 10.1109/INDICON.2017.8487606.

[47] PG Der Agopian, JA Martino, A Vandoren, R Rooyackers, "Si Study of line-TFET Aalog performance comparing with other TFET and MOSFET architectures" Solid-State Electronics, vol. 128, pp. 43-47, 2017.

[48] Narasimhulu Thoti, R Haritha e Nandini Madineni "Investigação de Si1-xGex 3D-fin-TFET optimizado variando a altura da aleta" RTECC, conferência IEEE, 2018.

[49] M. Venkatesh & N. B. Balamurugan, "Influência da análise de desempenho de tensão de limiar em TFET de porta dupla de halo empilhado com material triplo de porta dupla para aplicações de potência ultrabaixa" Silício, publicação Springer, vol-13, pp.275-287, 2021. DOI: 10.1007/s12633-020-00422-4.

[50] D. B. Abdi e M. J. Kumar, "2-D Threshold Voltage Model for the Double-Gate p-n-p-n TFET With Localized Charges", em IEEE Transactions on Electron Devices, vol. 63, no. 9, pp. 3663-3668, 2016. doi: 10.1109/TED.2016.2589927.

[51] Mitra, E., Dash, D.K., Sarkar, S.K. (2018). Uma modelagem analítica 3D do transistor de efeito de campo de tunelamento de silício sem nada de porta tripla de metal duplo. Em: Bera, R., Sarkar, S., Chakraborty, S. (eds) Avanços em Comunicação, Dispositivos e Redes. Lecture Notes in Electrical Engineering, vol. 462. Springer, Singapore.https://doi.org/10.1007/978-981-10-7901-6_14.

[52] Jang Woo Lee e Woo Young Choi "Triple-gate Tunnel FETs Encapsulated with an Epitaxial Layer for High Current Drivability", Journal of semiconductor technology and Science, vol.17(4), 2017.

[53] Woojin Park, Amir N. Hanna, Arwa T. Kutbee e Muhammad M. Hussain "Transistor de efeito de campo de túnel em linha: Melhoria da corrente de acionamento" IEEE Journal of the Electron Devices Society, vol. 6, pp. 721-725, 2018. doi: 10.1109/JEDS.2018.2844023.

[54] Muhammad Elgamal e Mostafa Fedawy, "Otimizando os parâmetros do dispositivo TFET sobreposto Gate-on-Source alterando a função de trabalho diferencial do gate e o dielétrico de sobreposição" Conferência Internacional de 2019 sobre Tendências Inovadoras em Engenharia da Computação (ITCE'2019), Aswan, Egito, 2-4 de fevereiro de 2019.

[55] S.Saurabh e M. J. Kumar, "Novel Attributes of a Dual Material Gate Nanoscale Tunnel Field-Effect Transistor," IEEE Transactions on Electron Devices, vol. 58(2), pp. 404-410, 2011.

[56] Deyasi, A., Mukherjee, S., Bhattacharjee, A.K. et al. Classification of single and double-gate nanoscale MOSFET with different dielectrics from electrical characteristics using soft computing techniques. Revista internacional de tecnologia da informação, vol-12, pp.165-174, 2020.https://doi.org/ 10.1007/ s41870-019-00301-1.

[57] J. Widiez et al., "Experimental evaluation of gate architecture influence on DG SOI MOSFETs performance", IEEE Transactions on Electron Devices, vol. 52(8), pp. 1772-1779, 2005.doi: 10.1109/TED.2005.851824.

[58] T. -K. Chiang, "A Novel Scaling Theory for Fully Depleted, Multiple-Gate MOSFET, Including Effective Number of Gates (ENGs)," IEEE Transactions on Electron Devices, vol. 61, no. 2, pp. 631-633, 2014. doi: 10.1109/TED.2013.2294192.

[59] S. L. Tripathi, R. Mishra e R. A. Mishra, "Characteristic comparison of connected DG FINFET, TG FINFET and Independent Gate FINFET on 32 nm technology," 20122nd International Conference on Power, Control and Embedded Systems, Allahabad, India, pp. 1-7, 2012. doi: 10.1109/ICPCES.2012.6508037.

[60] Nour El I. Boukortt, Trupti Ranjan Lenka, Salvatore Patanè e Giovanni Crupi, "Effects of Varying the Fin Width, Fin Height, Gate Dielectric Material, and Gate Length on the DC and RF Performance of a 14-nm SOI FinFET Structure" Electronics 2022, vol-11, 91. https://doi.org/10.3390/ electronics11010091.

[61] X. Sun, V. Moroz, N. Damrongplasit, C. Shin e T. -J. K. Liu, "Variation Study of the Planar Ground-Plane Bulk MOSFET, SOI FinFET, and Trigate Bulk MOSFET Designs", em *IEEE Transactions on Electron Devices*, vol. 58(10), pp. 3294-3299, 2011. doi: 10.1109/TED.2011.2161479.

[62] S. Panchanan, R. Maity e N. P. Maity, "Um potencial de superfície e modelo de corrente de drenagem para Tri-Gate FinFET: Analysis of Below 10nm Channel Length," 2021 IEEE 21st International Conference on Nanotechnology (NANO), Montreal, QC, Canadá, 2021, pp. 181-184, doi: 10.1109/NANO51122.2021.9514273.

[63] J. -H. Lee e B. -K. Choi, "Threshold-Voltage Modeling of Bulk FinFETs by Considering Charge-Sharing and Surface Potential," 2007 International Workshop on Electron Devices and Semiconductor Technology (EDST), Beijing, China, 2007, pp. 19-24, doi: 10.1109/EDST.2007.4289770.

[64] S. Paul *et al.*, "Extraction of Effective Oxide Thickness for SOI FINFETs With High-κ/Metal Gates Using the Body Effect", IEEE Electron Device Letters, vol. 31, n.º 7, pp. 650-652, 2010. doi: 10.1109/LED.2010.2049634.

[65] N. Seoane, G. Indalecio, D. Nagy, K. Kalna e A. J. García-Loureiro, "Impact of Cross-Sectional Shape on 10-nm Gate Length InGaAs FinFET Performance and Variability," in IEEE Transactions on Electron Devices, vol. 65(2) pp. 456-462, 2018. doi: 10.1109/TED.2017.2785325.

[66] K. P. Pradhan, S. K. Saha, P. K. Sahu e Priyanka, "Impact of Fin Height and Fin Angle Variation on the Performance Matrix of Hybrid FinFETs," IEEE Transactions on Electron Devices, vol. 64, no. 1, pp. 52-57, 2017. doi: 10.1109/TED.2016.2631301.

[67] X. He *et al.*, "Impact of aggressive fin width scaling on FinFET device characteristics," 2017 IEEE International Electron Devices Meeting (IEDM), São Francisco, CA, EUA, 2017, pp. 20.2.1-20.2.4, doi: 10.1109/ IEDM.2017. 8268427.

[68] R. Kalaivani, J. C. Pravin, S. Ashok Kumar e R. Sridevi, "Design and Simulation of 22nm FinFET Structure Using TCAD," 2020 5th International Conference on Devices, Circuits and Systems (ICDCS), Coimbatore, India, pp. 286-289, 2020. doi: 10.1109/ICDCS48716.2020.243600.

[69] Y. -T. Wu, M. -H. Chiang, J. F. Chen e T. -J. K. Liu, "Estudo baseado em simulação de FinFET de óxido inserido de alta permissividade com espaçadores internos de baixa permissividade", em IEEE Transactions on Electron Devices, vol. 68, no. 11, pp. 5529-5534, 2021.

[70] M. Son, J. Sung, H. W. Baac e C. Shin, "Comparative Study of Novel U-Shaped SOI FinFET Against Multiple-Fin Bulk/SOI FinFET," IEEE Access, vol. 11, pp. 96170-96176, 2023, doi: 10.1109/ACCESS.2023.3308592.

[71] J. -T. Lin, T. -C. Wang, W. -H. Lee, C. -T. Yeh, S. Glass e Q. -T. Zhao, "Caraterísticas de TFETs de porta rebaixada com tunelamento de linha", em IEEE Transactions on Electron Devices, vol. 65 (2), pp. 769-775, 2018. doi: 10.1109 / TED.2017.2786215.

[72] Stefan Glass, Nils von den Driesch, Keyvan Narimani, Dan Buca, Gregor Mussler, Siegfried Mant, Qing-Tai Zhao "SiGe based line tunneling field-effect transistors" ISTE Open Science Publishing, London, UK, Feb 2018.

[73] K. -M. Liu e C. -P. Cheng, "Investigação sobre os efeitos da sobreposição/subposição da fonte de porta e do gradiente de dopagem da fonte de transístores de efeito de campo de túnel de porta cilíndrica toda envolvente do tipo n Si", IEEE Transactions on Nanotechnology, vol. 19, pp. 382-389, 2020. doi: 10.1109/TNANO.2020.2991787.

[74] A. S. Verhulst, W. G. Vandenberghe, S. De Gendt, K. Maex e G. Groeseneken, "Boosting the on-current of silicon nanowire tunnel-FETs", 2008 IEEE Silicon Nanoelectronics Workshop, Honolulu, HI, EUA, 2008, pp. 1-2, doi: 10.1109/SNW.2008.5418419.

[75] M. R. Tripathy et al., "Device and Circuit-Level Assessment of GaSb/Si Heterojunction Vertical Tunnel-FET for Low-Power Applications," IEEE Transactions on Electron Devices, vol. 67, no. 3, pp. 1285-1292, 2020.doi: 10.1109/TED.2020.2964428.

[76] M. Schmidt et al., "Line and Point Tunneling in Scaled Si/SiGe Hetero structure TFETs", IEEE Electron Device Letters, vol. 35, no. 7, pp. 699-701,2014. doi: 10.1109/LED.2014. 2320 273.

[77] O. Kane, "Theory of tunneling," Journal of Applied Physics, vol. 32(1), pp. 83-91, 1961.

[78] R. Vishnoi e M. J. Kumar, "An Accurate Compact Analytical Model for the Drain Current of a TFET From Subthreshold to Strong Inversion," IEEE Transactions on Electron Devices, vol. 62, no. 2, pp. 478-484, 2015. doi: 10.1109/TED.2014.2381560.

[79] S. Singh e S. S. Chauhan, "TCAD simulations of double gate tunnel field effect transistor with spacer drain overlap base on vertical Tunneling," 2017 International

conference of Electronics, Communication and Aerospace Technology (ICECA), Coimbatore, India, 2017, pp. 1-4, doi: 10.1109/ICECA.2017.8212708.

[80] Q. Wang, S. Wang, H. Liu, W. Li, e S. Chen, "Analog/RF performance of L- and U-shaped channel tunneling field-effect transistors and their application as digital inverters," Japanese Journal of Applied Physics, vol. 56, Art. no. 064102, 2017. https://iopscience. iop.org/article/10.7567/JJAP.56.064102.

[81] M. Gholizadeh e S. E. Hosseini, "A 2-D Analytical Model for Double-Gate Tunnel FETs", IEEE Transactions on Electron Devices, vol. 61, no. 5, pp. 1494-1500, 2014. doi: 10.1109/TED.2014.2313037.

[82] U. E. Avci, R. Rios, K. J. Kuhn e I. A. Young, "Comparison of power and performance for the TFET and MOSFET and considerations for P-TFET," 2011 11th IEEE International Conference on Nanotechnology, Portland, OR, USA, 2011, pp. 869-872. doi: 10.1109/NANO.2011.6144631.

[83] Koswatta SO, Lundstrom MS, Nikonov DE, "Performance comparison between pin tunneling transistors and conventional MOSFETs", IEEE Trans. Electron Devices, vol- 56, pp.456-465, 2009.

[84] Avci U E, Morris D H, Hasan S, et al. Comparação da eficiência energética do TFET de heterojunção de nanofios e do MOSFET de Si a Lg=13nm, incluindo considerações sobre PTFET e variações. IEEE Int. Encontro de Dispositivos Electrónicos (IEDM).2013;33.4.1-33.4.4.

[85] Boucart K, Ionescu AM, "Double-gate tunnel FET with high-k gate dielectric", IEEE Transactions on Electron Devices, vol-54, pp.725-1733, 2007.

[86] Boucart Kathy, Ionescu Andrian Mihai, "Length scaling of the double gate tunnel FET with a high-k gate dielectric", Solid State Electron, vol- 51(11), pp.1500-1507, 2007.

[87] Bardon MG, Neves HP, Puers R et al (2010) "Pseudo-two-dimensional model for double-gate tunnel FETs considering the junctions depletion regions", IEEE Trans. Electron Devices, vol- 57, pp. 827-834, 2010.

[88] Vladimirescu A, Amara A, Anghel C (2012) "An analysis on the ambipolar current in Si double-gate tunnel FETs", Solid State Electron, vol-70, pp.67-72, 2012.

[89] Krishna mohan T, Kim D, Raghunathan S et al (2008) "Double-gate strained Ge heterostructure tunnelling FET (TFET) with record high drive current and < 60 mV/dec subthreshold slope". 2008 IEEE International Electron Devices Meeting, São Francisco, CA, EUA, 2008, pp. 1-3, doi: 10.1109/IEDM.2008.4796839.

[90] Lee JS, Seo JH, Cho S et al, "Simulation study on effect of drain underlap in gate-all-around tunneling field-effect transistors", Current Applied Physic, vol-13 (6), pp.1143-1149, 2013.

[91] Anghel C, Gupta A, Amara A et al (2011) "30-nm tunnel FET with improved performance and reduced ambipolar current", IEEE Transactions on Electron Devices, vol. 58(6), pp. 1649-1654, 2011. doi: 10.1109/TED.2011.2128320.

[92] J. Wu e Y. Taur, "Reduction of TFET OFF-Current and Subthreshold Swing by Lightly Doped Drain," IEEE Transactions on Electron Devices, vol. 63, no. 8, pp. 3342-3345, 2016. doi: 10.1109/TED.2016.2577589.

[93] M. Zhang, Y. Guo, J. Chen, J. Zhang e Y. Tong, "Simulation Investigation of the Diffusion Enhancement Effects in FinFET with Graded Fin Width", IEEE Transactions on Nanotechnology, vol. 18, pp. 700-703, 2019. doi: 10.1109/TNANO.2019.2927763.

[94] Toh Eng Huat, Wang Grace Huiqi, Samudra Ganesh, Yee-Chia Yeo, "Device physics and design of double-gate tunneling field-effect transistor by silicon film thickness optimization", Applied Physics Letters, vol-90(26), 2007. https://doi.org/10.1063/1.2748366

[95] G. A. M. Hurkx, D. B. M. Klaassen and M. P. G. Knuvers, "A new recombination model for device simulation including tunneling," IEEE Transactions on Electron Devices, vol. 39, no. 2, pp. 331-338,1992. doi: 10.1109/16.121690.

[96] S. Beniwal e G. Saini, "Transístor de efeito de campo de tunelamento em forma de L com dielétrico hetero-gate e caixa hetero dielétrica", 2019 3ª Conferência Internacional sobre Tendências em Eletrónica e Informática (ICOEI), Tirunelveli, Índia, 2019, pp. 815-818, doi: 10.1109/ICOEI.2019.8862520

[97] J. Z. Huang *et al.*, "A Multiscale Modeling of Triple-Hetero junction Tunneling FETs", IEEE Transactions on Electron Devices, vol. 64, n.º 6, pp. 2728-2735, 2017. doi: 10.1109/TED.2017.2690669.

[98] M. Gholizadeh e S. E. Hosseini, "A 2-D Analytical Model for Double-Gate Tunnel FETs", IEEE Transactions on Electron Devices, vol. 61, no. 5, pp. 1494-1500, 2014.doi: 10.1109/TED.2014.2313037.

[99] Sharma N, Garg N, and Kaur G, "Performance analysis of gate stacked with nitride GAA-TFET", Materials Today: Proceedings vol-28(3), pp.1683-1689, 2020.https://doi.org/10.1016/j.matpr.2020.05.128Get direitos e conteúdo

[100] C. Hu, P. Patel, A. Bowonder, K. Jeon, S. Kim, W. Loh, C. Kang, J. Oh, P. Majhi, A. Javey, T.-J. Liu, e R. Jammy, "Prospect of tunnelling green transistor for 0.1 V CMOS," 2010 International Electron Devices Meeting (IEDM), São Francisco, CA, EUA, pp. 16.1.1-16.1.4, 2010.doi: 10.1109/IEDM.2010.5703372.

[101] Kaishen Ou, Chunxiang Zhu "Transistor de efeito de campo de túnel de aleta de germânio com junção de túnel abrupta e grande área de tunelamento" IEEE Transactions on Electron Devices, vol. 59 (2), pp. 292-301, 2018.

[102] Anam Khan, Sajad A Loan, "Pocketed dual metal gate TFET: Design and simulation" Materialstoday communications, vol-35, article no. 105786, 2023.https://doi.org/10.1016/j.mtcomm.2023.105786

[103] Marjani, S., Ebrahim Hosseini, S.E, Faez, R., "A 3D analytical modeling of Tri Gate Tunnel Field Effect" Journal of Computer and Electronics, Vol.15, PP. 820-830, 2016.DOI 10.1007/s10825-016-0843-0.

[104] Priyanka Saha, Saheli Sarkhel & Subir Kumar Sarkar, "Modelação 3D e análise de desempenho do transístor de efeito de campo de túnel de porta tripla de material duplo", IETE Technical Review, vol-36 (2), pp.117-129, 2019.https://doi.org/10.1080/02564602.2018.1428503

[105] Samantha Lubaba Noor, Samia Safa, e Md. Ziaur Rahman.Khan, 'A silicon-based dual-material double-gate tunnel field-effect transistor with optimized performance', International Journal of Numerical Modeling (Electronic Networks, Devices Fields), vol. 30(6), pp.1-9, 2017.https://doi.org/10.1002/jnm.2220

Printed by Books on Demand GmbH, Norderstedt / Germany